打開民國小姐的衣櫃

旗袍、女人、優雅學

企劃／林靜端
撰文／馬于文、陳昱伶

目錄

推薦序

從零開始認識旗袍

撰文・馬于文

「她」與旗袍相遇的故事

撰文・陳昱伶

後記

打開民國小姐的衣櫃

旗袍、女人、優雅學

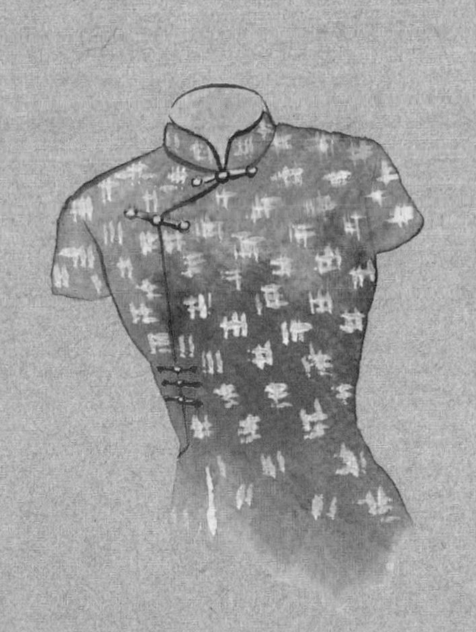

推薦序

王麗卿（輔仁大學應美系副教授）

張哲生（懷舊達人）

張維中（作家）

樹姵蓉（中華旗袍協會副會長、
蕾蒂時尚珠寶股份有限公司董事長）

期許旗袍能有更光亮之伸展舞台

輔仁大學應美系副教授　王麗卿

這本旗袍書籍主要分為兩個部分，第一個部分為「從零開始認識旗袍」，從旗袍歷史談起，也談到如何購買、訂製旗袍、包含旗袍價錢與訂製旗袍的師傅介紹、旗袍應該怎樣穿且有配件搭配的建議、旗袍的清洗與保養等，如配件搭配也提到耳環、帽子、頭飾、圍巾、絲巾、披肩、繡花鞋、髮型與妝容等等的內容，可以幫助喜愛旗袍新手輕易入門。第二部分則為各行各業女性的旗袍故事，書中提到的女性都是高學歷之女知青，對於旗袍喜愛或收藏之諸多故事。作者馬于文(Yogi Ma)擁有義大利 Domus Academy 設計碩士學位，專長領域為品牌設計、行銷與管理，現任輔仁大學文創學程畢業專題講師及台北旗袍同好會創辦人暨會長，對於設計管理與行銷及旗袍有相當之研究。

旗袍英文為「Cheongsam」，中文為「長衫」，旗袍的起源有三種說法，其一是清末民初女性男女平權意識高漲，於一九一九年五四運動後加溫，前衛的女知識青年在校園中男袍女穿蔚為風潮。其二為從漢人傳統的袍服中改良演變而來的。其三是晚清滿人袍服與馬甲結合為一後的改良服裝。而旗袍的特點可以從上海《民國日報》一九二〇年三月三十日刊登之朱榮泉先生寫的「好著長衫的好處」中得知旗袍有便利、衛生、美觀及省錢等四項功用。旗袍是前衛形象，以女知青的形象出現，也作為新中國女性的時尚代表。

就旗袍歷史而言，從一九二〇年開始到一九六〇年是發展高峰期，而從一九七〇年代開始沒落。從一九二〇年代以女知青的現代新女性形象來穿袍服開始慢慢演變到貼緊身材曲線與開高叉樣式刻意展現美腿形象深植女性心中。張愛玲在《更衣記》中寫到一九二一年女人穿上了長袍是發源於滿洲的旗裝，女子蓄意模仿男子穿著的結果，初興的旗袍樣式是嚴冷方正且具有清教徒風格的造型。一九二九年的南京國民政府第二次制定『服裝條例』時將旗袍視為「國民禮服」。國民政府在一九三四至一九四九年倡導的「新生活運動」中，還讓三位當時的旗袍名女人宋藹齡、宋慶齡和宋美齡，宋氏三姊妹攜手一同在街上穿旗袍走秀，倡導國人穿旗袍。當時可謂萬人空巷，也造就旗袍開始普及輝煌的黃金年代。但到了一九三〇至一九四〇年代，相較於一九二〇年代的旗袍，更貼近身材原來曲線一點，由原來直線寬鬆的袍服，開始距離原來身形十公分內的距離。一九五〇至一九六〇年代台灣香港旗袍全盛時期，曲線畢露的經典旗袍。一九七〇到一九八〇年代旗袍式微，淪為特殊行業、身分與場合使用。作者提到一九八〇年代之後，旗袍繼續昇華結合西式設計，在地時裝品牌改良設計後量產，像台灣有夏姿和龍笛繼續改良旗袍的設計，香港有「上海灘」(SHANGHAI TANG) 再現傳統東方之美，並且加以改良之，進一步登上國際舞台，也期許旗袍在未來能有更光亮之伸展舞台。

輔仁大學應美系副教授　王麗卿 2019年5月2日

對於旗袍，不再只是懷舊

懷舊達人　張哲生

和馬于文老師結識是兩年前（二〇一七）在她指導的輔大文創系學生的畢展上，當時因為畢展主題與懷舊有關，所以馬老師跟學生推薦了我，而我也很樂意且榮幸地參與其中。

初次見面時，馬老師身著旗袍的氣質LOOK讓我印象深刻。後來，才發現馬老師不只是喜歡穿旗袍，對於推廣旗袍亦不遺餘力，於是在馬老師的引薦下，我加入了「台北旗袍同好會」，進而對旗袍有了更深入的瞭解，也讓我懷舊的觸角伸入了旗袍這個充滿學問的領域。

很高興看到這本書集結了馬老師長年對於旗袍的研究與體驗，還有許多旗袍女性的專訪，豐富且系統的介紹，讓我在閱讀之後，覺得自己立刻成了旗袍通，懂了好多以前不曉得的事（例如旗袍的英文就是中文「長衫」的粵語發音：cheongsam），彷彿醍醐灌頂，感到心曠神怡！

今後，當我在歷史影像裡看到旗袍出現時，我相信自己將不再只是懷舊而已；這本書帶給我的旗袍知識，必定能讓我在研究文史之際，做出更精準的判斷，獲得更多元的成果！

思念一個人最美的方式

作家 張維中

一件女人的旗袍，究竟是如何與一個男人發生連結的關係呢？當我閱讀著《打開民國小姐的衣櫃》這本書時，一邊沈浸於兩位女性寫作者娓娓道來旗袍的相關事，身為男性的我，不免也一邊爬梳起自身的往事。

對旗袍真正留下深刻的印象，應當是青春期從文學讀本和影視作品而來的。高中後期開始閱讀張愛玲，無論是在她的小說、散文，或甚至在《對照記》中自身公開的照片集裡，旗袍，總是一個搶眼的符號。旗袍指涉著她，一個女人，對於親情、青春與愛戀的投影。張愛玲愛旗袍，穿起旗袍來也是美的。但於我而言，那種美，並不是婀娜多姿的艷冠群芳，而是透過旗袍，散放出了一種獨有的氣勢。在看似緊緊包裹身體，低調的穿著中，卻撐起一股氣場十足的架勢。旗袍穿在身上，明明看來是含蓄婉約的，但從睥睨的眼神與自信的身姿中，卻彷彿又向世人暗示，女人，可不是你所看到表面的溫柔而已，

骨子裡也充滿著堅毅的信念。後來，在王家衛的電影《花樣年華》裡，飾演蘇麗珍的張曼玉，一身旗袍經典裝扮，那股氣勢也帶給我同樣的感覺。

旗袍蘊藏著反差的力量，讓一個女人擁有又柔又剛的形象。這或許就是身為男人的我，最初對一個穿著旗袍的女人，留下最初也最深刻的印象。

多年後，我沒有想到讓我在現實生活中，真正與旗袍有所連結的是我的好友陳昱伶。第一次見到昱伶，是旅居到東京的第一年。當年的她，給我的形象是很洋派的，難與旗袍聯想在一起。幾年過去的某一天，昱伶忽然在聊天室線上傳來一張她穿著旗袍的照片，告訴我，她參與旗袍派對的事。那是我第一次看到她穿上旗袍的模樣，很驚艷也覺得神奇。為什麼那個始終洋派的她，忽然在旗袍裡，能夠變成另外一個盈滿著東方情調，風姿綽約的女子呢？又柔又剛，又內斂又外放，昱伶讓我見證了旗袍的神秘力量。

後來我才知道，原來早在多年前，當昱伶在倫敦留學的二十歲世代，就已經與旗袍有所牽繫。在碩士課程的一門指定課業中，當班上的洋人都千篇一律以二〇年代的西方服飾作為研究標靶時，她突發奇想，決定研究同年代的東方旗袍，成果令全班師生大開眼界。

這樣的昱伶，懂得旗袍蘊藏著反差力量的她，來為《打開民國小姐的衣櫃》書寫人物訪談，是再適合不過的了。

這本書前半部讓人學習到旗袍的典故與知識，讀到後半部壓軸的人物特寫時，那些旗袍忽地有了溫度，立體鮮明起來。我想，那是因為透過細膩的訪談，我們得以在昱伶的筆下窺見受訪者，那些人與旗袍之間的故事。

昱伶常在訪談尾聲的反思，更擴展出旗袍儷人們的自我價值。作為男人的我，彷佛間接地經由旗袍，更認識了女人一些。

我很喜歡昱伶在訪談何安蒔，描述受訪者穿起奶奶留下的旗袍時，寫著「再也沒有比這樣思念一個人更美的方式」。因為在敍說故事之際，旗袍早已不只是一件衣服而已了。旗袍有生命，從衣櫃裡活出一場場的家族史。

從外表到內在，從思念到展望。這些人那些事，叨叨絮語著成長與愛，如同旗袍的細緻工法，一片美好的交織。

身處歷史洪流之中的旗袍

中華旗袍協會副會長、蕾蒂時尚珠寶股份有限公司董事長　樹姵蓉

細數寰宇不同國度的文化傳承，造就各方水土與型態迥異的食、衣、住、行、育、樂與審美的風俗和特色。

中華文化源遠流長，在漫長文化形成的歷史洪流中，其最主要的構建因素乃是同一地域的人類在不同時期，基於共同生活的理念與目標所孕育而成獨特之文字、思想、禮儀、風俗與生活習慣，並歷經各朝代的更迭，不同種族與文化的交融及五千年悠久的時空條件，華夏民族特有的中華傳統文化，經時空的淬煉，不斷的堆疊與傳承因襲，而成了我們今日中國人的歷史與世界稱頌之文明大國。

考研中華文化的傳承中，華夏與夷狄人種、風俗與服飾的不同，經由戰爭及人口遷移與所融合的中華文明歷史，由遠古、殷商、戰國、漢、魏晉、唐、宋、元、明、清不斷演進傳承，肇始匯聚，而形成了今日中國人服飾之別具

民族風格特色的旗袍文化。

晚清西洋列強隨著八國聯軍紛擾入侵中國後，不可避免地又開啟了中、西衣著文化的相互影響。在此西洋服飾文化逐漸促成現代華人的衣著文化變易時，吾友馬于文老師基於對中華傳統文化的熱愛，於任教的課閒之餘，不斷努力組織中華旗袍同好會。篳路藍縷，歷經數年努力，在台灣默默經營組織了數千位旗袍同好友人，為啟蒙旗袍同好者的傳統文化基礎教育，特出書分享其旗袍的研究心得。書中「從零開始認識旗袍」至「如何穿著與量身訂做旗袍」，內容詳實，文圖並茂，輕鬆雅趣，並羅列其與黃麟雅、何安蒔、奚文玲、林靜端等諸位好友的旗袍因緣與故事，以饗讀者。今邀余為其作序深感榮幸，略盡薄言以敬佩其心。

中華旗袍協會副會長、蕾蒂時尚珠寶股份有限公司董事長　樹姵蓉

2019 年 5 月 2 日序於新北市新店

從零開始認識旗袍

撰文・馬于文

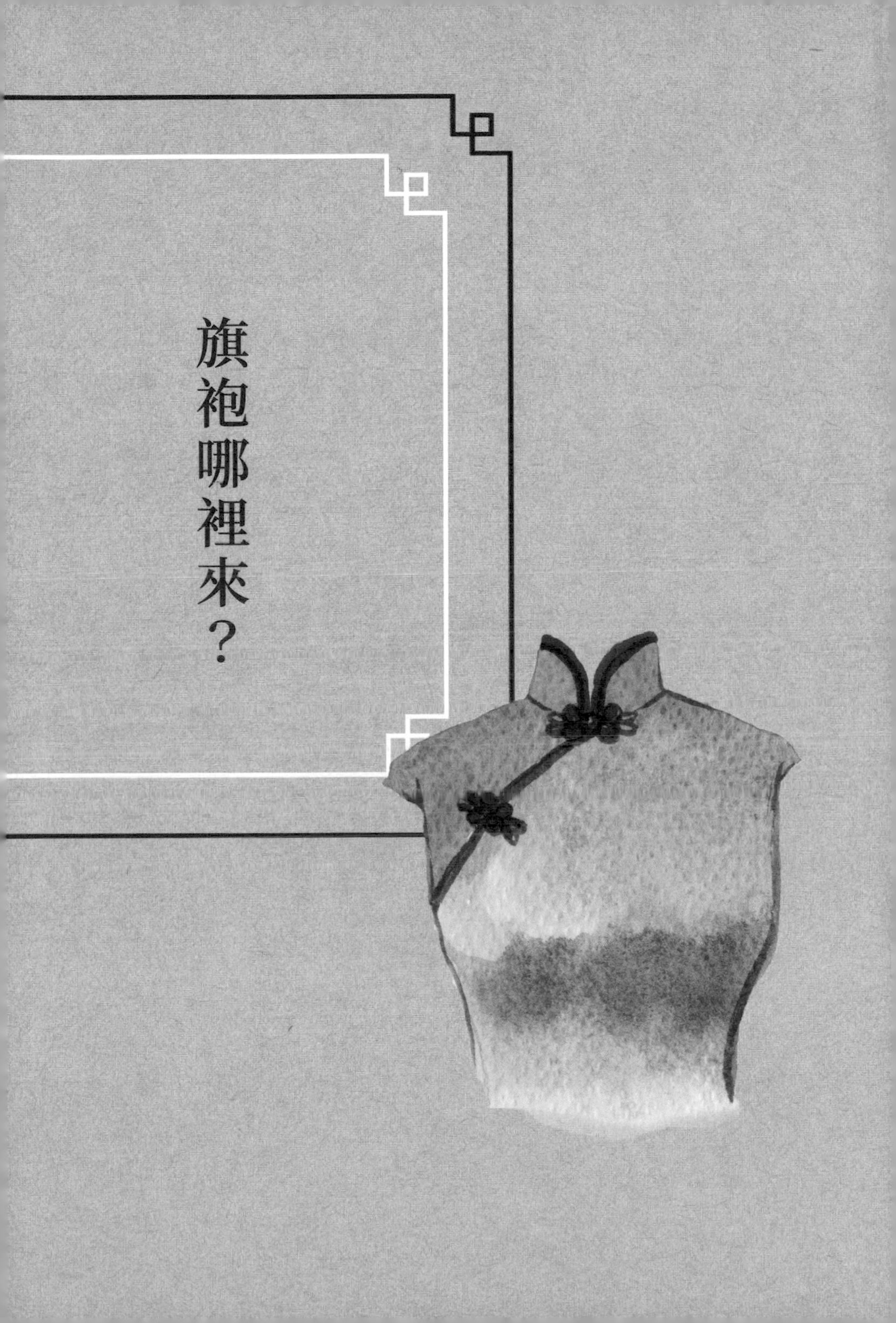

旗袍哪裡來？

二〇年代女知青打頭陣，現代新女性革命穿袍服

為什麼現在普遍會有身材不好就不能穿旗袍的觀念呢？

我想那是源自於近代，大家常會看到貼緊身材曲線近乎到苛求的旗袍樣式，甚至也有超高衩的樣式，讓刻意展現美腿的形象深植在女性心中。

然而我相信，大家應該都知道旗袍在上一個世紀是一般女性的日常穿著，如果是日常穿著，一般女性士農工商、環肥燕瘦，各有千秋，何來身材好才能穿旗袍此一說呢？

當然，如果有人看看以前的老照片，應該也會發現以前的旗袍跟現在的旗袍略有不同。

就讓我們來簡單回顧旗袍發展的歷史，也許你可以在這裡找到形成這個觀念的蛛絲馬跡——瞭解不同時期的旗袍剪裁、設計的變化，和流行特色。

旗袍開始流行於一九二〇年代，直至一九六〇年代發展至高峰，在七〇年代後才逐漸沒落。

關於旗袍的起源眾說紛紜，一般有幾種說法——

一種是因為清末民初女性意識逐漸高昇，隨著一九一九年的五四運動後加溫，在旗袍流行更之前的中國社會，漢人女性以上衫下裙或下褲為主要流行服飾，而男性則開始以長袍為日常穿著，因為女權意識漸漸萌芽，當時前衛的女知識青年為了爭取男女平權，因而男袍女穿，在學校開始成為一股風潮，可以想像當時男生袍子的樣子嗎？

看過民初連續劇，一定都知道是男生的長袍是直筒無腰身的，是的，當時的女學生一開始穿的就是如此的袍服！那大概就像現代女性把老公衣櫃裡的西裝拿來自己穿上街一樣的率性，是女性的一大解放，所以在當時旗袍是帶有青年革命意識的前衛穿著，如果當時家裡的爸媽看到自己女兒這樣穿，應該會追著女兒打，覺得不倫不類吧！

第二種說法是漢人傳統袍服改良演變而來，傳統漢人即有袍服，回想以前看的古裝劇，既使是清代，一般民間漢人還是多穿袍服，將先前的寬袖和寬身慢慢縮減後而成型。也有一說是漢人女性在晚清所著之女性大襟杉漸漸拉長之變形，但初期在袍裝之下仍有著褲。

台語怎麼說旗袍呢？是的，就叫「長衫」喔！意即「拉長的衫」，講廣東話的香港也是稱做「長衫」，所以多有華南地區移民至東南亞的華人也在方言中稱之為「長衫」，在英文字典中記載「Cheongsam」即為旗袍之意，也是來自廣東話的語音而成，所以可見得西方世界開始有「長衫」（旗袍）這個概念，是從華南或是香港傳播出去的。

第三種是晚清滿人袍服與馬甲結合為一後的改良，滿族女性一向都穿袍服，與漢人女性所穿的兩件式——上衫下裙或上衫下褲有所區別，故推敲女性是因為受到清末滿女影響而改穿袍服，但論細節變化其實有許多不同。

不論哪一種說法，都有眾多支持者，我聽過各樣不同研究和論述著作或演講支持著各派旗袍的「祖母」大有人在，我相信因為當時歷史背景因素，各種元素都相互交錯影響著彼此，有著密不可分的關係。

就像張愛玲在〈更衣記〉中說的：

> 一九二一年，女人穿上了長袍。發源於滿洲的旗裝自從旗人入關之後一直與中土的服裝並行著的，各不相犯，旗下的婦女嫌她們的旗袍缺乏女性美，也想改穿較嫵媚的襖褲，然而皇帝下詔，嚴厲

禁止了。五族共和之後，全國婦女突然一致採用旗袍，倒不是為了效忠於清朝，提倡復辟運動，而是因為女子蓄意要模仿男子。在中國，自古以來女人的代名詞是「三綹梳頭，兩截穿衣」，一截穿衣與兩截穿衣是很細微的區別，似乎沒有什麼不公平之處，可是一九二〇年的女人很容易地就多了心。她們初受西方文化的薰陶，醉心于男女平權之說，可是四周的實際情形與理想相差太遠了，羞憤之下，她們排斥女性化的一切，恨不得將女人的根性斬盡殺絕。因此初興的旗袍是嚴冷方正的，具有清教徒的風格。

上海《民國日報》一九二〇年三月三十日刊登朱榮泉寫給楚倫先生的信《女子著長衫的好處》對旗袍的功用下了總結：一是便利（上衣下裳，太不便當；長衫一件便夠，省時省力）；二是衛生（冬天上下都暖，夏天比裙涼）；三是美觀（比衣裙好看）；四是省錢（省布省錢）。還有一層，就是女子剪了髮，著了長衫，便與男子沒什麼分別，男子看不出是女子，就不起種種壞心思了。

學術界很多論調，支持旗袍不源自旗人之服大有所在，但至於最後為什麼仍舊叫做「旗袍」，是因為一般人認為其形制與滿清女袍類似，已經約定成俗至今，難以改變。所以後來很多人就因此武斷地認為「旗袍」是來自旗人之袍服演化而成，多年來爭議不斷，造成很多誤解，也導致部分極端人士認為它不能成為現今華（漢）人女性的代表服飾，實為可惜。

當然也有人提出修改為「祺袍」、「長衫」甚至「舒雅服」等其他名稱，但似乎「旗袍」仍舊是最通俗普遍認知的，所以為了避免誤解，就姑且讓我繼續稱之為「旗袍」吧！

綜合以上來看，起初旗袍其實是前衛的形象，並非許多人誤以為的女性化，甚至是男服女穿，並不會顯露明顯曲線，以女知青的形象出現，也作為新中國女性的時尚代表。並沒有現在許多人所說的「旗袍是身材好才能穿的專利」，更不是現在被污名成為女性物化的服飾。

我想，旗袍如果會說話，應該會想大聲吶喊「冤枉」吧。

那到底為什麼會演變出這種觀念呢？讓我們繼續看下去！

延伸閱讀

電影

《天涯歌女》

三〇跨越到四〇年代，旗袍成為國服，解放漢女千年線條

在創建台北旗袍同好會時，透過朋友認識的一位實踐服裝設計系畢業的年輕小學妹告訴我，她在念實踐的時候上到國服課，第一堂課老師問他們：「什麼是國服？」下面鴉雀無聲，於是老師繼續說：「就是旗袍啊！」坐在台下的她，當時心中充滿了疑惑。

其實，旗袍從民初年開始演進，不管是代表解放女性，抑或是上海廣告美女畫報與明星名人的加持，終於在二〇年代後期引發全國性的大流行。而一九二九年的南京國民政府第二次制訂『服裝條例』時，將旗袍視為「國民禮服」，隨後國民政府在一九三四至一九四九年倡導的「新生活運動」中，還讓三位當時的旗袍名女人宋氏三姊妹：宋藹齡、宋慶齡和宋美齡攜手一同在街上穿旗袍走秀，倡導國人穿旗袍。當時可謂萬人空巷，也造就旗袍開始普及輝煌的黃金年代。

這時旗袍的設計樣式變化與當時中國開放的程度息息相關，想像看過當時大時代的電影，那時候的中國動盪不安，西方人進入中國，中國學者越來越多開始留學西方，帶回西式教育與觀念，開放西方電影、雜誌和書籍，西方的美學終究開始影響了千年不開門的中國。

傳統的中國女性是從頭到腳什麼都不能露，就像京劇裡看到的一樣，要裹的密不透風，不能顯示任何身體的曲線，甚至還要束胸和裹小腳等等，完全壓抑女性到極點，但這就是當時的審美觀，覺得這才是優雅的大家閨秀或標準美人，但隨著清末漸漸解放了漢人女性的小腳，二〇年代末期也開始解放女生的胸部，我們提倡白話文運動、留洋的胡適之先生認為：「假使個個女子都束胸，以後都不可以做人的母親了。」在許多學者的呼籲下，這風浪漸漸演進為解放束胸的「天乳運動」，甚至使得政府下令不得束胸，開始引進了西方的胸罩，女性的曲線漸漸顯露。

前面提到，旗袍初期的嚴峻方正，多為素色，但到了三四〇年代，當年的明星諸如胡蝶、周璇、阮玲玉、李香蘭等，與當時的刊物諸如《良友》、《玲瓏雜誌》或上海月份排美女廣告等，漸漸開始有了花色和滾邊，裙長及腳踝，相較於二〇年代的旗袍，更貼近身材原來曲線一點，由原來直線寬鬆的袍服，開始距離原來身形十公分內的距離。

如果對照西方二〇、三〇到四〇年代的西方流行服飾相比，就非常清楚了，二〇年代西方流行的直筒香奈兒風洋裝，逐漸走向身形漸窄的洋裝，於是旗袍也開始應愛美和趕流行的小姐所求，由平裁（沒有腰省和胸省線）直筒線條，漸漸透過剪裁和歸拔熨燙方式將曲線塑造出來。而以往全盤扣（大開門）的開襟也因為拉鍊的發明和戰爭逃難必須快速穿脫的需求，開始在四〇年代運用於旗袍之上。

然而就像如今的時裝雜誌或明星皆有各自風格，我們從當時收集的民間旗袍中研究，也同樣不足以呈現出當時民間的普遍風氣，像是我們也會在畫或照片中看到有前凸後翹、薄紗和露大腿等前衛大膽狀況的女性，所以千萬不要忘了，所有流行還是有城鄉差距的！上面探討只是一個大方向的趨勢。

書籍

《小腳與西服：張幼儀與徐志摩的家變》

《更衣記》

《霓裳．張愛玲》

名人

宋美齡

阮玲玉

蝴蝶

電影

《天涯歌女》

《金陵十三釵》

《色，戒》

《宋家皇朝》

《滾滾紅塵》

《胭脂扣》

《風聲》

五〇至六〇年代：
台灣香港旗袍全盛時期，曲線畢露的經典旗袍

一九四九年中華人民共和國建立，五〇末期年代中國開始文化大革命，旗袍被視作「資產階級情調」的服裝，因而消失在中國，直至八〇年代開放，才又重新開始有人穿。

四九年後隨著國民黨政府遷台，許多上海的師傅來到了香港和台灣，也把這些技藝帶了過來，兩地的婦女仍持續穿著旗袍，並且有過而無不及之處，終究創造了「全民穿旗袍」的輝煌全盛時期。

對照西方五〇年代 Dior 所推出的「New Look」造型，強調腰線的漏斗身型，自二〇年代起的直筒線條，慢慢地轉向有腰身，到這時候發展至極致，東方也因為以前大量引進的西方媒體和教育，而受到了直接的影響，旗袍也由合身發展至貼身：由之前的平裁製作法，發展前後兩片的，加入胸省和腰省的立體剪裁法。裙擺也開始漸漸提高，但不會超過膝蓋以上。

雖然香港和台灣兩地政治、文化和經濟背景各有不同，也各自發展出不同的剪裁和設計特色，但最珍貴的是無中斷而存留下的旗袍流行文化。

隨著國民政府遷台，大批軍眷帶來了旗袍流行的風潮，在社會上層、官夫人、電影明星和選美等推波助瀾之下，旗袍成為台灣婦女最流行的穿著，但「大陸式旗袍」和「台灣式旗袍」線條是有差別的——台灣本省婦女的旗袍比較合身，外省婦女因為逃難，所以旗袍比較寬鬆，而且旗袍會外加一件大衣長外套，這是台灣式旗袍不用的；且台灣本省婦女主要將旗袍當作是婚禮宴客或特別重要場合時的穿著。

由於香港戰後並不富裕，且受到西方流行簡約設計的影響，所以多以簡單現代設計為主，成為當時婦女不分階級重要場合的最佳首選服飾。此外，許多來到香港的權貴和知識份子，因為之前在中國穿旗袍為制服上學的童年回憶，使得他們在辦學時也選擇使用旗袍為制服，香港至今仍有多所學校旗袍為學生制服。曾在香港逛街時看到，覺得非常好看且很有味道。

其中香港六〇年代電影產業發展蓬勃，更是藉由電影將旗袍形象傳送到西方世界，使得西方世界開始認識旗袍，並認為旗袍是華人女性的性感象徵，至今依舊。

在樣式上來說，除了貼身之外，裙擺長度漸漸變短，開始出現短旗袍，但仍以不過膝上長度為主，袖子方面也開始有無袖的設計。但這些以往被視為大膽前衛、較不端莊的形象。

也許是戰後而變得儉樸，或是受到西方流行的影響，旗袍花色變得越來越現代簡潔，有幾何圖形和簡單的花草，甚至開始流行素色旗袍為日常穿著打扮，以往裝飾性的滾邊開始漸漸也挪去。

旗袍的樣式越來越西化，但中式立領、兩側開衩和合身的剪裁仍是不變的經典，至今仍是旗袍最大的標誌象徵。

我們可以從當時港台兩地的明星和一九六〇年台灣開辦「中國小姐」的老照片，看得出來她們帶動的旗袍風潮，每個都很「腰瘦」。我猜想當時小姐為了愛漂亮，應該搶著穿上了束腰，強調女性身材前凸後翹的曼妙曲線。

之前提到旗袍剛開始發展是直筒、寬鬆、嚴肅的，傳統華人婦女強調三從四德、不能顯露體型的內在美，到了二十世紀經歷西方文化大舉入侵，旗袍短短發展為女子穿著，在四十年內就翻轉為自信凸顯女性外在曲線之美，改變了千年華人對美的認知。所以說旗袍是女人身材解放的革命產物，其實一點也不為過。

現在有人覺得旗袍是物化女性的說法不知道從何而來，旗袍可是女人爭取自我解放最大的證明，前衛到不行的穿著啊！我們甚至可以說，沒有旗袍，哪來的現代女性？

由於全盛時期的印象實在太強烈了，那是個香港、台灣大街小巷都可以看到婦女穿旗袍的日子，也是它開始沒落前，給大眾印象最深、也是最後的形象。為了區別與其他時期的樣式，就讓我們姑且稱它做「經典旗袍」吧！

延伸閱讀

電影
- 《花樣年華》
- 《蘇絲黃的世界》
- 《生死戀》

電視劇
- 《一把青》

名人
- 李麗華
- 林黛
- 葛蘭

七〇到八〇年代：旗袍式微，淪為特殊行業、身分與場合使用

七〇年代後的女性擺脫服飾儉樸和實用的特色，更重視西方流行的款式，諸如迷你裙、無袖洋裝、旗袍剪短和隨後的喇叭褲等，加上成衣開始興盛，傳統旗袍製作價格價高昂，手工繁複，需耗時訂製的旗袍開始退下流行，雖然有些傳統職人出來力挽狂瀾，但大勢已經不可擋。

除了我個人查到史料，心中也默默覺得，如果旗袍從寬鬆、合身、發展到緊身，得要逼自己穿束衣才塞得進去，這也太累人了吧？

正所謂物極必反，旗袍是為了解放女性身體自由而生，所以一定可以有一種新的服裝，來取代她日趨緊繃、不自在的羈絆。

旗袍在此時台灣的一些行業中仍相當興盛，例如酒店小姐或紅包場歌手，也仍是電影明星和上層社會出席重要場合的重要象徵，雖然樣式大異其趣。

當時台灣的師傅一度大量流離，轉行做洋裁或他行的大有人在，少數至

今還存活下來的師傅告訴我，拜酒店小姐之賜，他們當時跑到北投酒店裡去給小姐量身訂做，小姐們的旗袍多是豔麗、亮片、繡珠、無袖開高衩。還有這時慶幸一直以來都還有中華航空以旗袍為制服，有些師傅幸運的接到了這些訂單，可以延續溫飽。玉鳳旗袍的陳忠信師傅則是意外接到了慈濟制服的訂單，也在酒店小姐和慈濟志工之間兩者反差甚大的設計與製作之間遊走。

此外，社會上層或電影明星、歌手仍會為了重要場合、表演與登台而穿著旗袍，知名的人物諸如當時常出訪的中國小姐連方瑀，後來成為著名的連戰夫人，外交官夫人田玲玲、著名影星吳靜嫻、歌手鄧麗君和烹飪教學大師傅培梅等等，一再延續了旗袍的形象與生命。

延伸閱讀

電影

《金大班的最後一夜》（一九八四年版本）

名人

鄧麗君　吳靜嫻
連方瑀　傅培梅
田玲玲

九〇年代之後：
持續昇華西式設計，在地時裝品牌改良設計後量產

經歷了旗袍風雨飄搖的幾十年，這段時期也開始漸漸有些成衣服裝品牌從八〇年就開始醞釀要重新找回旗袍的光華，使之現代化，讓旗袍能夠與現代人的生活結合。像台灣有夏姿和龍笛繼續改良旗袍的設計，香港有「SHANGHAI TANG 上海灘」再現傳統東方之美，並且加以改良之，進一步登上國際舞台。

隨著新一代不再將它視為日常便服，旗袍已經成為特殊場合或表演才會穿著的服飾，所以多走向華麗和正式的禮服設計風格，會加上許多的金銀絲線、花邊、貼花、珠繡和亮片，甚至刺繡、緹花或簍空等。

且由於中國大陸開始走向開放改革，使中國人再度穿上旗袍，但在此時給人的主要印象是粗劣的中式餐廳女服務生制服，造成旗袍形象的損傷，但也不得不感謝這幾年中國大陸的經濟奇蹟，使得東方風在西方崛起，旗袍越

來越受到國際時尚人士的注意，紛紛加入東方旗袍為設計元素。

兩千年後旗袍再度被中國大陸所重視，各地出現旗袍復興的風潮，也皆有旗袍協會設立，傳統工藝陸續申請非物質文化遺產，杭州更創國際旗袍日，香港和中國大陸持續創新旗袍持續西化多變，改良後的旗袍如雨後春筍般越來越多，走出新的道路。

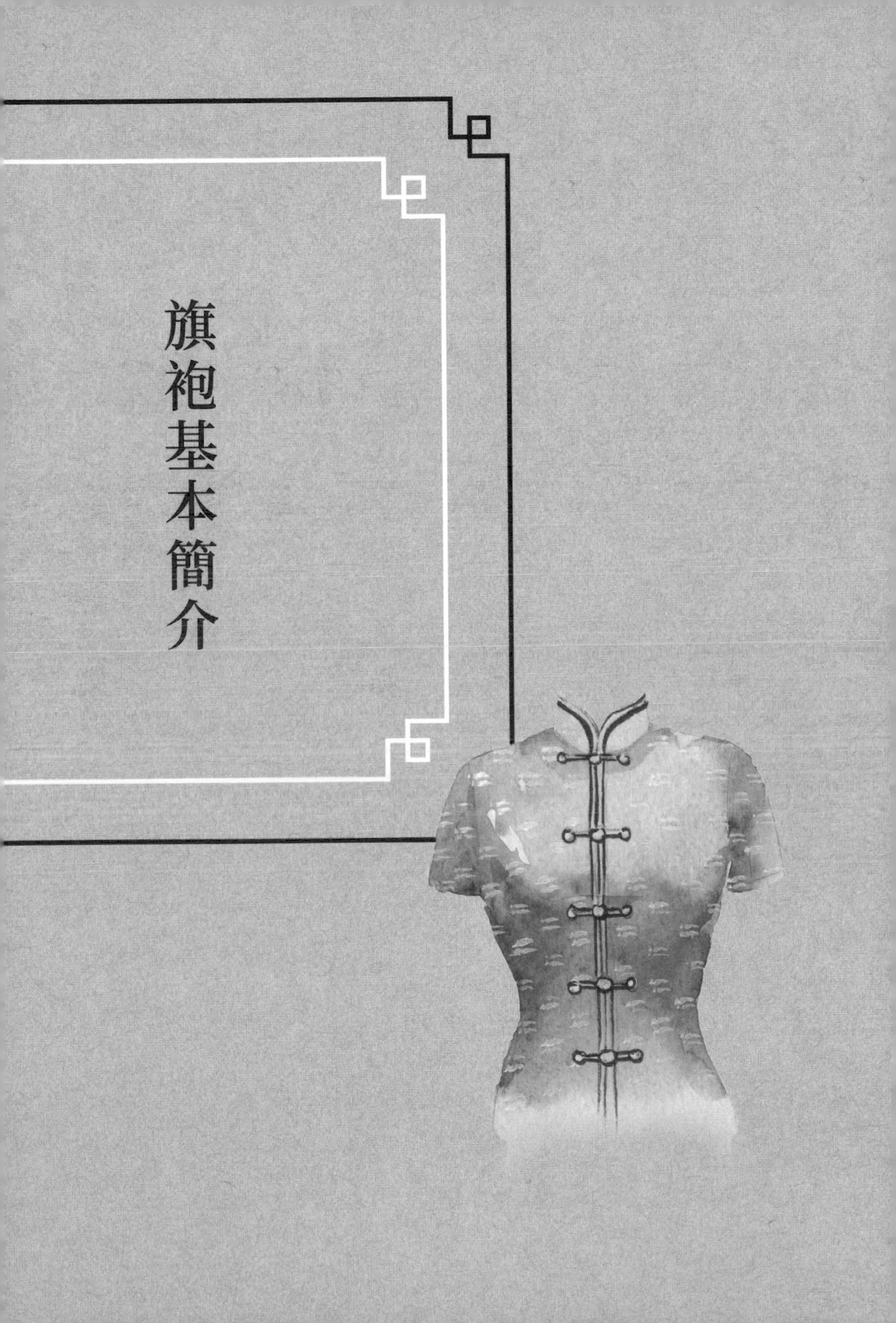

旗袍基本簡介

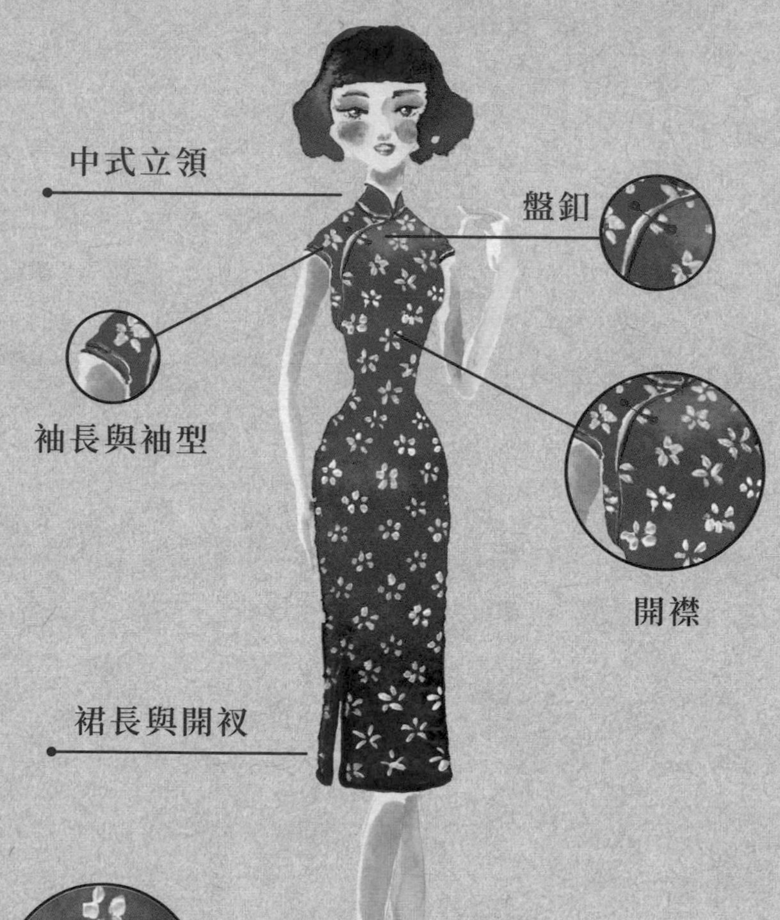
中式立領
盤釦
袖長與袖型
開襟
裙長與開衩

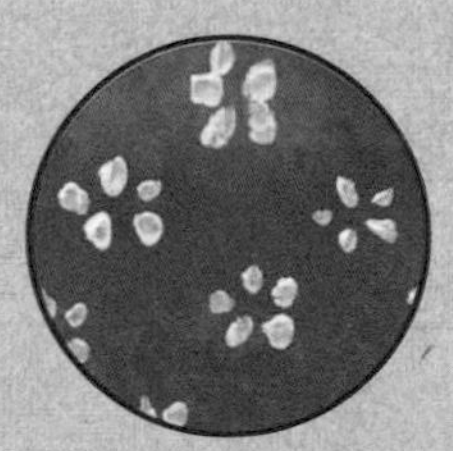
布料與花色

常常很多人都會拿著旗袍問我說：「這是不是改良式旗袍？」而我總是好難回答這個問題，因為這一件經過百年歷史的活骨董，一直都在改，所以到底什麼算是有改良，什麼又算是沒改良呢？這真的是很難回答的問題。

在旗袍史中談到的設計變遷，基本上三、四〇年代旗袍的基本樣式就已經大多定型，接下來的變化多是流行身形的剪裁、花樣或材質上的變化運用，而且一路越來越西化。就大眾普遍認知，沿襲至旗袍發展至高峰的六〇年代，「經典旗袍」的幾個特徵為中式立領、右襟、裙側兩邊開衩和收腰。

但如果沒收腰是不是旗袍呢？我會說是，因為是四〇年代之前流行的平裁旗袍。那如果沒有開右襟，是後面拉鍊呢？我也會說是，那正是八、九〇年代後的一種新設計，所以有著一些寬容的空間。

那接下來就根據上面的基本特色，讓我們來慢慢認識旗袍吧！

中式立領(mandarin collar)

領口可是所有旗袍特徵最重要的特徵了！沒有了這個領，好像東方也不東方了。切記領口一定要高度和寬度適當，高領顯得隆重，低領較為舒適，但問過專業的旗袍師傅，其實領口的高低建議要和自己的「髮際線」相襯，應該是要比脖後髮際線低一些，免得頭髮插在領子上下，會有點尷尬。

此外，領口太寬看到鎖骨不適合，太緊也不舒服，建議是穿上後將兩指左右伸進脖子，還可以滑動的寬度為佳。

常見的領型設計大約有這幾款：

圓領、方領、鳳仙領、元寶領、水滴領、V領

圓領

方領

元寶領

鳳仙領

自己到底會需要什麼領呢？

除了看個人喜好之外，通常大圓領和中圓領用在女生的旗袍，小圓領與方領多用於男生的唐裝和長袍，希望自己的服裝戲劇感比較強的女生，就會想用鳳仙領和元寶領，但我也看過不少古董旗袍或現代旗袍使用方領，而水滴領和V領則是近代旗袍的變化領型，但是用了這兩類領型就無法開襟了，所以怎麼開襟呢？

緊接下來，我們就來說說什麼是開襟，和它的變化和選擇吧！

水滴領

V領

開襟

開襟是旗袍的特色之一，但近代因為設計的關係，開始出現了後拉鍊式的旗袍，而前面的襟不是做成了裝飾假襟，就是完全捨去，更趨近西式洋裁的設計。有位知名的傳統旗袍師傅曾經跟我說過，他個人很不喜歡看到後開式的拉鍊，他覺得那樣完全破壞了後面立領的線條美，不過美感當然還是因人而異。

開襟樣式有很多可以去選擇，但如果希望自己的旗袍開襟，首先要確認是開「右襟」——為什麼是開右襟？

簡單的說，這是源自孔夫子曾說：「微管仲，吾其被髮左衽矣！」意思就是：「如果沒有管仲的話，我們都要變成披頭散髮又開左衽的蠻夷之族番邦啦！」可見得，在古時候除了漢人之外，外邦民族是採用左衽。而所謂右衽，就是左衣領蓋住部分右衣領，衣襟看起來很像一個小寫的y字，因為衣襟是朝右開，所以便稱為「右衽」。

除了上面的說法，還有一說是因為中國人把身體左側視為陽，右側視為

陰。陽面在上，陰面在下，顛倒了就鬧笑話了！此外，大多數人都是右撇子，因此這也是為了方便慣用右手活動，伸手入懷中拿放隨身物件。

當然，現在有些新式的設計是開「左襟」，並非完全不行，而是這是西式的做法，如果不擔心有人質問或異樣的眼光，就可以大方的做。

現代服裝男子左襟疊右襟、女子右襟疊左襟的「男左女右」式穿法，據說是起源於中古時代的歐洲。西方男裝衣服的鈕釦開在胸前，是為了方便右撇子們釦上自己的衣衫，所以把衣鈕縫在右襟、把鈕門開在左襟。

到了十八世紀後，西方女性才開始普遍流行穿著一些如外套等開在胸前的衣服，但可能因為上流社會的婦女一般都會有傭人幫她們穿衣服，所以右襟疊左襟裁剪的方式，由於方便別人替穿者扣鈕，還是被保存了下來，一直到了現在，仍然是女性西服的標準樣式。

可能因為現在許多設計旗袍的設計師學的是洋裁，所以現在偶爾看到開左襟的樣式也不足為怪了。

其實對左撇子來說，左襟也許就是個不錯的選擇，比較好扣也不會彆扭，但唯一困擾就是沒有很多傳統師傅會做，或許只能請洋裁師傅幫你做了。

而旗袍大襟的樣式可就多了，由於款式實在太多，這裡就分享常見的款式，就像時裝設計一樣，當然也可以發揮創意設計開襟的形式，所以說起來它也是變化無限呢！

肩開襟、斜襟、圓襟、琵琶襟、雙襟、雙圓襟、方襟、方直襟、對襟

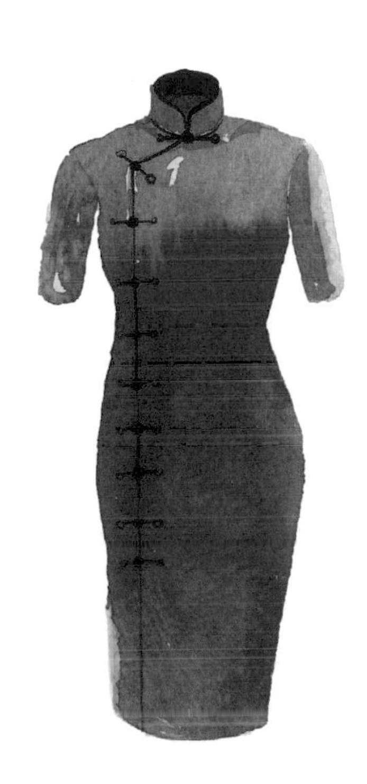

方直襟

圓襟
斜襟
雙襟
琵琶襟

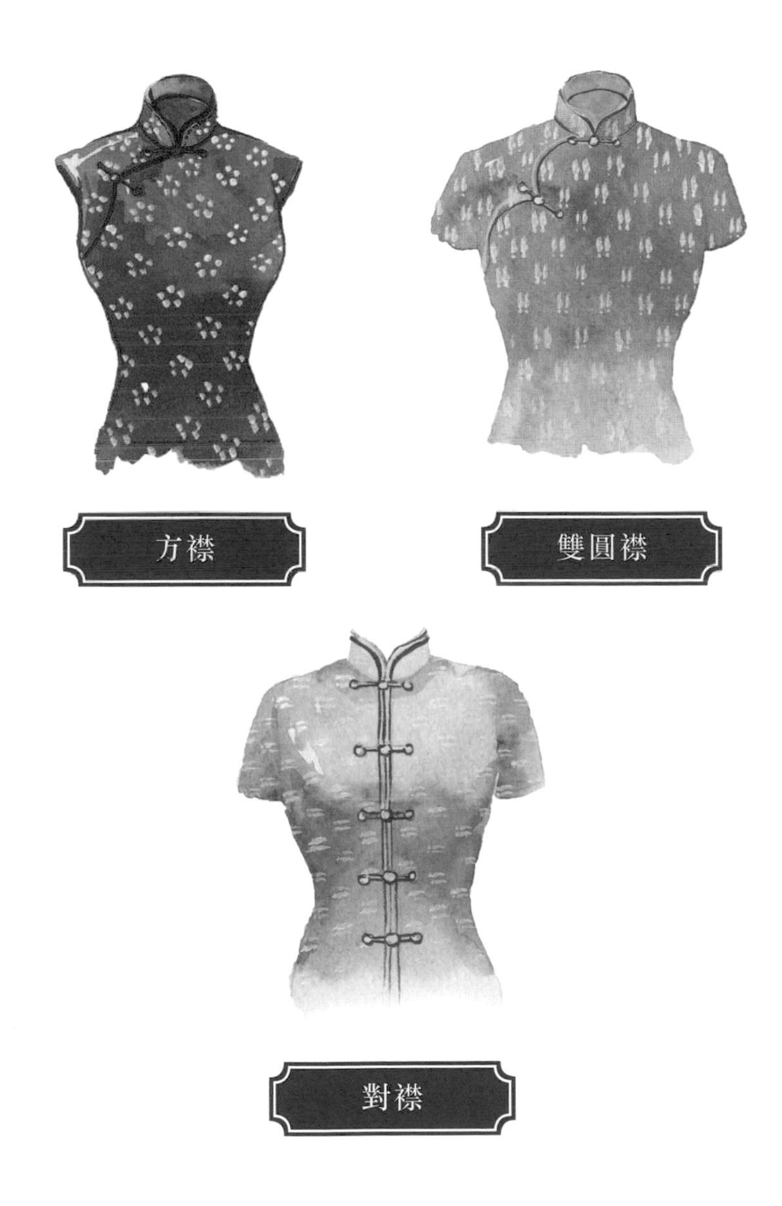
方襟
雙圓襟
對襟

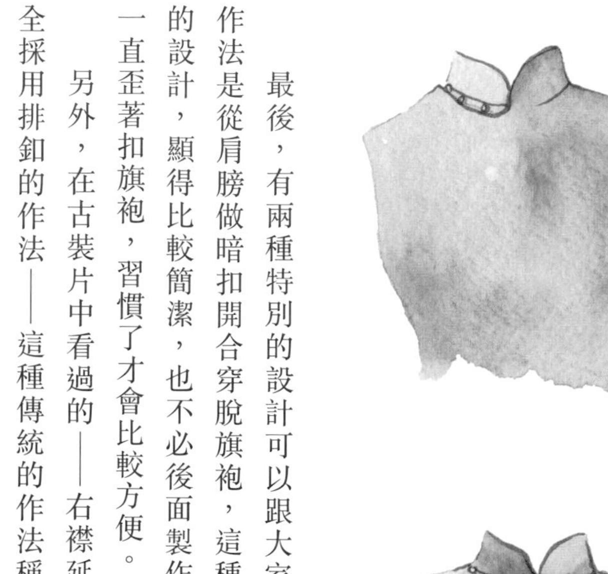

最後，有兩種特別的設計可以跟大家分享——一款是肩開式的旗袍，這作法是從肩膀做暗扣開合穿脫旗袍，這種作法就可以彌補不想破壞正面花色的設計，顯得比較簡潔，也不必後面製作拉鍊開合，不過這種作法就是要頭一直歪著扣旗袍，習慣了才會比較方便。

另外，在古裝片中看過的——右襟延伸到腋下身側後沒有使用拉鍊，完全採用排釦的作法——這種傳統的作法稱做「大開門」，大開門有種古樸的優雅感，但是穿的時候因為要一個個扣釦子，比起拉鍊來更花時間，就看個人喜好挑選樣式囉。

裙長與開衩

旗袍裙擺到底要到多長，跟個人喜好和穿著場合有關，有人喜歡短，有人喜歡長，短旗袍青春俏麗，長旗袍優雅隆重，還有朋友告訴我她喜歡穿長旗袍，因為在意自己的腿型不好看，每個人的理由各有不同，但一般來說，短旗袍適合日常生活穿著，長旗袍適合隆重宴會或特別會場合。

很多人也許對開衩還留著神秘的性感印象，但其實回歸到它原來的功能面，就是為了走路方便，那衩到底要開多高呢？這其實這也沒有一定的標準答案，它也是看裙長依比例和個人喜好調整，通常開高衩會給人性感的感覺，用在表演或特殊行業會選擇開高衩的多，一般平常穿的話，我覺得只要行走、坐或站都不會感覺到不方便即可。我曾經有幸親自參觀過輔大中華服飾文化中心館藏由各界名人捐贈的一千多件老旗袍，當老師打開衣櫃時，我們全都驚呆了，一整排的旗袍開衩全都不高過一隻手指長，可見大家一般印象的高衩可能真的只存留在時尚雜誌、表演和特殊行業使用而已。

我剛開始穿旗袍的時候，有人指導我裙長最好還是長過蓋過膝蓋，開衩

的高度建議在雙手自然垂下的中指以下。我當時不能理解，後來研究了一些資料，看了六〇年代的經典旗袍少有超過膝上，我開始非常認同，原因有幾個，第一是因為坐下來的時候不會不會容易露出整條大腿，畢竟一般而言還是希望旗袍維持一個優雅端莊的形象，而大部分的女性也是良家婦女，所以如此的長度和開衩高度都是合乎禮儀的。

第二是會使得整體身型看起來比較修長，旗袍有修飾身材的效果，利用它細長的面積拉長身型，遮蓋過膝蓋就看不太不出膝蓋的高度，會顯得腿細長一些。當然這還要配合年紀，如果青春少女想要顯現俏麗活潑感，當然這長度就不適合。

袖長與袖型

袖長與袖型就更不用說，絕對是看個人喜好和天氣而決定，以在台灣來說的天氣夏日較長，我會建議短袖多會比較實穿一點，天氣冷的時候再加上小外套或針織衫即可，長袖旗袍當然也很漂亮，但在台灣這樣的天氣穿的機

會就少一些。

另外在袖型的選擇上，各種長度和造型都可以，短袖、長袖、倒大袖（上窄下寬）或甚至西式的泡泡袖等，完全是看個人喜好與需求。但有一點可以小訣竅可以分享，很多手臂比較圓潤的女孩喜歡挑袖子比較長的中長袖（至手肘關節處）遮住蝴蝶袖，其實反而會有「此地無銀三百兩」的反效果，建議選擇小包袖，不把手臂包起來，反而看起來會更纖細喔！此外小包袖也會很適合肩膀比較寬的女性，修飾肩膀的線條。相反的，肩膀較窄的女生適合穿無袖甚至削肩的款式，同樣有修飾整體身型比例的效果。

另外有一種傳統的旗袍作法——連袖，簡單的說，就是看看袖子是否有另外做一個袖子接縫到衣服軀幹本身，如果沒有，就是所謂傳統的連袖，有人喜歡連袖的傳統作法，因為有另一種復古美，但不喜歡的人會覺得連袖會使得腋下有皺褶，比較不美觀，所以青菜蘿蔔各有喜好，真的看個人囉！

布料與花色

布料可以說是流行趨勢的決定關鍵，其實從歷史的研究就發現不同年代流行不同的布料和花色，跟時代環境背景、紡織工業技術、西化程度和進出口貿易等等因素都有關係。

那到底是什麼布可以做旗袍呢？

其實沒什麼太大限制，只要是布幾乎都可以，除非你選到太硬的布，但也不用擔心自己選的布太軟，穿在身上不挺，因為人是立體的，怎麼樣都可以撐起來那塊布。其實對師傅來說，越軟的布越難做衣服，所以如果要挑戰師傅的功力，就拿一塊又軟又薄的布給師傅吧！雖然這好像是我常做的事……所以常常被師傅念，沒辦法，誰叫我怕熱啊！

一般來說，日常穿著多用棉或麻的材質，兩個都是透氣清新的材質，師傅建議選用棉麻混的更不容易皺，看起來也比較不會這麼隆重，平易近人，是平常也可以穿著的便服材質。

而近年常被廣泛使用的香雲紗和雪紡紗因為清涼透氣，也受到很多人的

歡迎。有些人喜歡用絲，不但觸感舒服透氣，布面散發天然蠶絲光澤，有高級華麗的感覺，當然價格也很高級，布料本身也需要特別照顧和清洗；雖然現在發展出化纖做的人造絲，依舊觸感柔滑，但穿在自己身上，感受差別如何，有比較過的人自己心裡有把尺。

至於在花色的選擇，除了借鏡歷史之外，當然也以自己喜好選擇為主。看過宮廷劇清朝的旗人袍服應該都折服於他們的花樣豐富，大放華麗的花朵堆滿全身，刺繡緄邊珠繡樣樣來，當然那時候僅限於皇宮貴族或富賈們專屬。到了二〇年代全民真正開始穿旗袍，當年因為國家戰亂，由當時的照片和媒體刊物得知，除了電影明星或時尚名媛穿著有小碎花、薄紗或格子與蕾絲滾邊旗袍之外，一般人穿的是素雅單色的，由其又以陰丹士林藍為最大主流，所有女學生都穿上這個色調的制服，就連一般婦女人人家中兼備。

到了五、六〇年代中國不穿旗袍，台灣和香港來到旗袍全民高峰期，而台灣和香港的流行又不盡相同，香港是國際大都會，東西薈萃，西化意味濃厚，自然在花色選擇上時尚大膽，幾何圖形和簡約現代的花色或甚至素色成為最大主流，而台灣則是小家碧玉般的，以清新大小花朵和素色為主要的流行。

七、八〇年代開始非常受歡迎的織錦緞樣式，通常以梅蘭竹菊等中國元素的緹花為主，顏色多半是鮮豔的正紅、天藍、鮮黃、金色和黑色等，樣式較為古典傳統，八〇、九〇年代後常淪為餐廳的服務員服裝首選布料，所以有些人比較不愛它帶點俗氣的味道，但有些人還是喜歡這樣的古典風格，這樣的布面看起來有點光澤亮眼，有一點正式的華麗感，通常也比較適合重要或特別的場合穿著，許多新娘喜歡在結婚的時候做上一件，感覺喜氣又古典。另外，近年西方流行的蕾絲布也燒到了旗袍，蕾絲的華麗感自然不在話下，成為很多年輕女孩訂作的首選，因為還有特別的花邊，可以做出多樣變化，也是很多新娘的最愛。

最後套句師傅的話：「只要喜歡，什麼都漂亮。」所以選布的時候，就多憑自己的直覺吧！聽聽自己心裡的聲音，不確定的多請益一下賣布的老闆，就沒問題了！

緄邊、崁線與擋條

旗袍的緄邊有屬於自己特有的工法，和洋裁的緄邊工法不盡相同，是經典旗袍的設計裝飾之一，但比較現代一點設計的旗袍未必會做緄邊，通常是比較現代的簡潔花色或是平常穿的，就不一定會選擇緄邊，不過和其他設計與裝飾一樣，這都是隨人喜好，沒有一定的標準。

那如果決定了緄邊，顏色到底怎麼選？

有人喜歡選和原本旗袍布花同色系，也有人選擇撞色或對比色衝突強調顯眼的華麗感，這也是個人喜好，如果原本旗袍布花的花色的，就建議選擇裡面有的花色的其中一色成為緄邊，這是最安全的作法。

緄邊也有很多不同的設計，比如雙緄，就是兩種顏色的緄邊，一個在外一個在內。還有所謂的單緄崁線，也就是外面單緄邊，裡面壓一條細細的線，還有做到壓兩線的，也就是可以做到三個顏色的線條，不過現在這麼要求師傅應該會被轟出去吧？哈！

最後談擋條，擋條也是一種傳統的樣式，就是在緄邊之內側有一條平行

的線條，擋條粗細可以調整，甚至要多條也可以。

不過以上這些設計都是沿襲上海旗袍師傅流傳下來，上一代流行的設計與手法，其實看看清宮劇（清末）時期裡的緄邊，極致都可以做到十八層，也就是所謂的「十八鑲」（即鑲十八道花邊），就知道二十世紀流傳下來的技法和設計到現在已經清省簡約許多，以前是皇宮貴族的才有的特權，現在平民百姓也能穿，所以除非你是要拿來收藏放博物館或錢很多，不然就放過師傅吧！

盤扣

盤扣在旗袍上有畫龍點睛的效果，有連接衣襟和裝飾的效果，花俏繁複一點的設計，我們稱做「花扣」，在旗袍上絕對是裝飾功能大過實用功能，但其實花扣是一門即將可能面臨失傳的工藝，製作上有一定的困難程度，而且非常脆弱，在與同時旗袍清洗時有毀損的風險，所以需要格外小心的照顧。

盤扣和花扣基本方式多是以各種布條盤繞打結而成，會使用上漿、嵌棉、嵌

銅絲等等工藝。

現在台灣會做花扣的師傅越來越少了，但各位愛旗袍的姊妹們別擔心！大部分的旗袍師傅都有配合的花扣師傅，他們不會告訴你這些花扣師傅身藏何處，大概花扣師傅被煩怕了，不過也是旗袍師傅和花扣之間固定合作的一種默契啦！但只要你要求，旗袍師傅應該都能滿足你的需求。

基本的盤扣有常見的直扣，又稱一字扣，比較常見的花扣像是琵琶扣，繁複的有壽字扣，鳳凰扣，另外蝴蝶、花草、扇子等都是常見的花扣創作造型，那要怎麼選擇花扣來搭配呢？通常旗袍師傅會給你很多建議，如果個人沒有特別的偏好，就請專業的師傅為你搭配選擇吧！

現在你已經認識了一件旗袍的組成元素，對旗袍有了基本的認識，又更向旗袍達人邁進一步啦！現在你應該就知道，很多人常問旗袍做一件到底多少錢，其實如果不做緄邊、花扣或刺繡、珠繡等變化的花樣，當然會有一個基本款式的價格，但是這些繁複的工法加上去，價格可能就是倍數往上跳，端看難度與耗時程度，這些完全都是考驗師傅的手藝和經驗啊！

走！一起去買旗袍！

在台灣，通常第一次穿旗袍的朋友，除了新娘要訂做屬於自己的旗袍之外，我想可能大多數都是先買成衣旗袍，因為成衣旗袍價格比訂做旗袍低廉，入門門檻比較低，對還未嘗試過的朋友應該較容易入手。

不管是訂做旗袍或直接購買成衣旗袍，都有各自的優缺點。但如果在台灣，你的預算低於三千，建議直接購買成衣旗袍，會是最好的選擇。

成衣旗袍

優點

價格較容易入手、選擇多樣、無須等待過久。

缺點

無法絕對合身、需要買進後自行再拿去修改、實體店面不易尋、自己若有特別的想法有可能無法客製、容易撞衫。

訂做旗袍

優點

完全合身、完全按造自己的想法設計、可以自行挑選自己想要的布料、作法和配件。

缺點

價格較高昂、師傅所剩不多、需要時間等待。

關於合身

喜歡經典立體剪裁的旗袍通常大家都會想要穿得合身，太緊或太鬆都不適宜，建議是比自己身型多二至四公分的寬度為佳。如行走坐臥都自如，過緊造成壓出內衣線或是坐下肚上有明顯的縐折等，都會給人不雅觀的印象，嚴重會有失禮的狀況發生。

實體通路

實體通路說到了很多台灣朋友的痛處，台灣街上賣旗袍的實體店真的寥寥可數，原因當然不外乎旗袍在市場上是小眾，而且現在所有的成衣旗袍製作都在中國大陸，台灣的成衣旗袍也不過是由中國大陸廠商批過來在台販售，所以價格當然往上加成，還有現今網路購物盛行，實體店自然就比較少。

但我仍非常讚賞這些實體店家，因為有他們，既使在實體購物式微的今天，也讓大家能有店面親自挑選、實際試穿，不用擔心網購買回不適合，也能查看剪裁做工並且感受布料本身。

可能有些朋友會嫌這些實體店比網路購物貴個幾成，但若想想他們的堆貨成本和開店的店租、水電、人事服務成本等開銷，就可以接受這是筆合理的交易。

台灣自創品牌

如果想要買一些比較創新設計、非傳統的旗袍，可以參考台灣自有創新設計品牌「夏姿」和「龍笛」，這兩家都是國內外知名長期耕耘東方設計的品牌，然而主要客層多是貴婦，自然價格不斐，通常一件類旗袍應該也是超過訂做的價格，就僅供參考囉。

與其說分享一些實體店，不如說分享一些旗袍街區，都是旗袍愛好者的聚集區，也因為店家變化迅速，大家可以自行去這些街區尋找。

台灣

永康街與麗水街

這裡觀光客多，自然藝術文化風味的特色店也不少，從寬鬆麻紗的茶人服到端莊典雅的旗袍，小朋友的旗袍，甚至仿古的旗人袍裝與古董袍子都有。

永康街與麗水街

圓融坊
台北市大安區永康街 2 巷 12-1 號

雅致人生
台北市大安區金華街 243 巷 15 號

Dara 兒童旗袍專賣店
台北市大安區永康街 4 巷 24 號

李堯棉衣
台北市大安區麗水街 2 號

五分埔

有一兩家專門販賣旗袍的店家，需要在當中尋找一下。

城中市場

台北市中正區武昌街一段22巷

這是媽媽們愛買旗袍的好街區，附近還有賣繡花鞋，喜歡的朋友可以自行搭配購買。

唯獨這裡的樣式可能會華麗花俏成熟一點，蠻適合幫媽媽買親家母裝的地方，但仍算是一個挖寶推薦的點。

西門町獅子林大樓二樓和漢中街

這是台灣每年尾牙旗袍或是特殊服裝租借的大本營，也是當年傳統紅包場小姐縈繞的區域。這裡充滿著華麗亮眼、表演性質高的旗袍，蕾絲、珠繡、亮片、緹花、對比色樣樣來，喜歡舞台華麗感或傳統、戲劇效果較強的朋友可以來這裡找看看。

台北車站地下街

在台北車站的地下街有兩三家平價的旗袍店，是很多人入門旗袍的第一步。這裡的旗袍大量批發，樣式也相當通俗，價格幾乎都不超過千元以上，然而一分錢一分貨，去這裡尋寶的朋友可能要有品質上的心理準備。

香港

香港的時尚一向以東方遇見西方聞名，走在華人時尚最尖端，自然在旗袍品牌上也不落人後。創新的高價品牌有「上海灘 SHANGHAI TANG」，早已進入國際知名時尚品牌之列，東方美學觀點的設計是品牌核心精神，創新的時尚旗袍每季都會有，當然也是屬於高價位。

除此之外，還有幾個受到矚目的旗袍品牌，其實體店面集中在香港的裕華百貨和方創元（QMP），例如左表。

香港

YIMING www.yi-ming.asia

由前模特兒蔡毅明（Grace Choi）所創的現代旗袍品牌，多以蕾絲和俐落的時尚剪裁為設計，近年還推出針織旗袍系列，價位約台幣七千至一萬元左右。

Loom Loop 碌祿 www.loom-loop.com

由香港設計師何善恒（Polly Ho）所創的時尚品牌，採用鮮明有特色的印花布，重塑了旗袍的形象，使得旗袍看起來更年輕且中性了，價位約台幣七千至一萬元左右。

嫿 MARY YU www.facebook.com/1819773784909188

由香港設計師余嫿 (Mary Yu) 所創，保有傳統的剪裁，在材質運用上創新。

G.O.D. 住好啲 god.com.hk

老牌香港文創品牌，由生活小配件起家，服飾也是近年才推出，嚴格來說他們出的不是正統旗袍，但是室友香港在地味道印花的類旗袍華服。

Blanc de Chine www.blancdechine.com

許多大明星熱愛的華服品牌，高雅細緻的設計，不流於俗，目前在台北的東方文華酒店也有一家店。

中國大陸的旗袍品牌知多少？

因為在台灣實體店旗袍找不到自己喜歡的款式，很多朋友轉向中國大陸尋覓。中國大陸這幾年旗袍相當流行，成衣旗袍品牌如雨後春筍紛紛崛起，所以各大主要城市的觀光街區多多少少會賣一些成衣旗袍，雖顯然是賣給觀光客的，然而同樣也顯示出品質、價格參差不齊的狀況，且多由淘寶上批貨買來。

當然也有所謂的旗袍重鎮，諸如上海、蘇州或杭州等，有各自的旗袍街，但相對價位也是可以訂做一件旗袍，所以就看要買的姊妹們如何斟酌。

其實在淘寶打上旗袍二字，就會有成千上萬的旗袍商品和品牌，但我以下只分享我自己買過、看過較有特色的旗袍品牌，過於傳統的大眾設計這裡不談，我會直接介紹幾個中國大陸線上購物知名的旗袍品牌給各位參考。

低單價

唐之語

信價比高的文青設計旗袍，多是棉麻材質，是很多入門者選擇的一款旗袍。

茉茉

與唐之語類似，也多是棉麻材質的文青設計，價位也接近，但版型略有不同，這真的要你自己買回來才能體驗到了！

浮誇 FUKCUP

適合有個性的年輕小女生，都是很有現代感的設計，大多是短旗袍款。

新衣記

同樣適合有個性的女孩，創新現代的設計與洋裁結合，蠻多強烈色彩印花變化的旗袍。

逸紅顏

結合民國風範與現代改良設計的旗袍，材質多樣，從雪紡、棉麻、針織、蕾絲到絲絨都有。

中高價位

單芒

是很有個性的年輕設計師所創，當初認識他們就是看到他們與汽車品牌合拍的影片，闡述希望品牌能夠創造女孩們能在城市中自由運動與行動穿的旗袍，所以簡單有個性，創新而優雅。

美人記旗袍

有仿阮玲玉或電影花樣年華的旗袍，也可以訂製旗袍。

陌上花開

屬與接近茶人服，比較寬鬆款式的旗袍，穿起來舒服的旗袍。

紅館

紅館旗袍是上面所有列的旗袍中剪裁法最接近所謂的「經典旗袍」，還是正常開襟，不是採用後面拉鍊，前面裝飾襟的作法，設計算是相對古典，中規中矩。由於材質優良和工細，所以價格自然水漲船高。

品尚華服

有許多特殊印花設計的旗袍，樣式屬於傳統旗袍。

舊事旗袍

有些人喜歡四〇年代前的平裁旗袍，但願意接做的師傅不多，成衣品牌也少，這個牌子就是少數有平裁旗袍的最佳選擇，設計也是屬於較為簡約的款式，很古樸的味道。

鳳禧

是個旗袍老品牌，設計也屬於中規中矩，相對古典，也接訂製旗袍。

巷子內的教你：如何在淘寶上買旗袍

很多人告訴我，他們不敢在淘寶上買旗袍，一方面是因為不能試穿，另一方面是買回來會有狀況或需要修改等問題，也怕買錯了要退貨很麻煩，但其實我們也是在上面繳了很多「學費」，現在才能分享避免買錯的經驗談，所以這是給有這些疑慮的朋友特別寫的一篇！

首先，在買任何淘寶成衣旗袍品牌之前，請先自行量好自己的三圍，再上網開始搜尋喜歡的旗袍，要留意看每件旗袍的尺寸大小，每家甚至每件旗袍尺寸都不太一樣，並不是照平常買衣服的尺寸挑選，而是建議拿上面標明的三圍尺寸再比自己尺寸大至少一兩公分的尺碼，如果真的很不確定，現在淘寶優良店家應該都有配上線上客服，將尺寸交給線上客服，告訴他你想挑選哪件，詢問要拿哪個尺碼，會更為精準。

另外，如果你的三圍不是剛好那麼符合他們的三圍曲線，至少「最大圍」要能夠在他們的尺寸之內，因為旗袍可以改小，但無法改大。

由於每一款旗袍的版型與尺寸略有差距，加上布料有縮水率或是有無彈性的問題，最有經驗的線上客服應該能給你最完美的答案，減少收到後不合身的問題。另外，多看賣量狀況與其他買家對該件旗袍的評論也有助於你下手這件旗袍。

買了，需要改怎麼辦？

買旗袍最常見的狀況就是不合身，通常如果訂做的話，拿去給原來製作的師傅修改就好，可是買的是成衣旗袍的話該怎麼辦呢？

首先，這要分等級，如果是平價的成衣旗袍，我建議可以拿去一般的修改店即可，如果算是相對高價的成衣旗袍，有些專業的旗袍師傅或是高級訂做店是收的，但真的要問問看。

再者，記得旗袍可以改小不方便改大，胸部難改，腰臀好改，如果你的身材有哪些部分特別豐滿，記得買的時候就以最大的一邊為主，回來再把其他地方改小，但如果你會動到胸線，預算可能會比較高喔，要有心理準備。

這裡提供幾個可能修改的店家：

永樂市場三樓

有做中式服裝訂製的修改店。

西門町獅子林二樓

有銷售旗袍和禮服的店。

西門町宏祥服飾

台北市康定路25巷30號

電話：(02)2361-9890

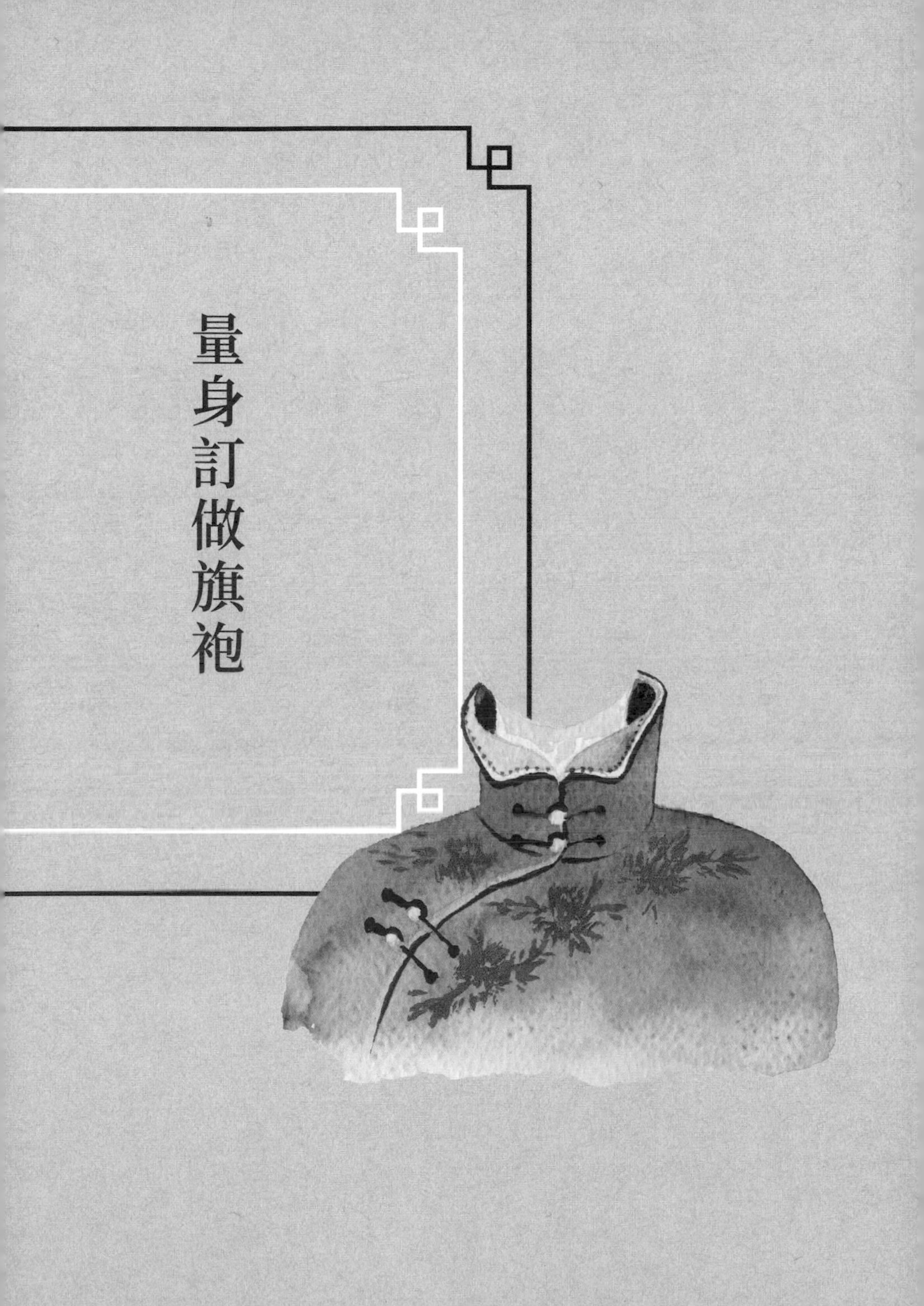

量身訂做旗袍

如果從買旗袍走到做旗袍這一途，恭喜你！你已經成為進階班的同學了！據師傅所說，現在大約六成左右的女性是為了自己的婚宴訂做旗袍，所以有些姊妹是直接跳級從進階班「訂做」開始，當然也是可喜可賀的。

因為旗袍製作這個傳統的工藝雖然尚未絕跡，但也不算普遍了。只要是找師傅訂做的，其實也算是為保存非物質文化遺產、傳統工藝盡一份心力。

做旗袍需要多少錢？

做旗袍需要多少錢？這應該是大家最想知道的問題。

一般而言，在台灣一位師父做一件基本旗袍不含（布）料的工錢約是台幣四千到六千不等起跳，但如同前幾章提過，如果你有特別的工法，諸如繡花、緄邊、珠繡、花扣等等，價格就會一步一步往上加。

此外，師傅的功力技巧與知名度也會影響一件旗袍的造價。師傅的費用是以時間來計算的，或許可以想想，一個資深的師傅一個月約可以做十件，其實師傅的月薪就算出來了，其實真的是一分錢一分貨，都是花了許多時間

的工藝作品，所以千萬不要跟師傅殺價，他們是用生命在為你成就一段美好的時光。你買到的其實不只是一件衣服，而是一件藝術品，絕對不是暴利。

去香港或中國大陸做旗袍

各地做旗袍價格就和當地物價一樣起伏，在香港，當然與香港的物價一樣水漲船高，知名的師傅據聞一件都是港幣六千到八千起跳，而港式旗袍剪裁更加立體，有興趣體驗的朋友不妨試試。

中國大陸物價上有非常的大差距，做旗袍也是一樣，在舉世聞名的旗袍大城上海，有兩條名聲大噪的旗袍街：長樂路和茂名南路，這裡的旗袍造價高，隨便一家造價應該都超過兩千人民幣以上，但到了民間不具名的裁縫師傅，也許千元就有機會，不過自然需要再三確認過去作品或是需要有經驗的人引薦，不然會有品質上的疑慮。

既然大家讀過前面的旗袍史，瞭解旗袍演進的變遷，應該會發現台灣和香港兩地是旗袍文化完全沒有斷過的地方，也經歷過旗袍輝煌年代的高峰期。

雖然中國大陸在八〇年代改革開放後又繼續開始做旗袍、穿旗袍，但可能要想想在一九四九年前會做旗袍的中國大陸師傅如何在八〇年代前延續他們的手藝和技術？練習的機會和時間是很有限的，看過多樣中國大陸訂製或成衣旗袍後，在激賞中國大陸現代的手工藝之際，我個人暫時給予一個保留的態度。

訂做旗袍流程

（一）確認穿著時間

（二）確認合作師傅

（三）蒐集資料 選擇款式設計

（四）選擇適合布料

（五）與師傅確認設計、量身和確認試穿與完工時間

（六）完成

一、確認穿著時間：

正常來說，一件基本旗袍（無緄邊等特殊工法）一位出師的師傅專心做三天內只做這一件能搞定，但每位師傅的時間和狀況不同，手上的待做旗袍數量也不等，如果是已經確定要穿的時間，例如婚禮或特別場合，無法延期或改動，那就建議至少兩個月以前就要去與師傅溝通工期。

其實旗袍師傅也有所謂的淡旺季，之前提過目前台灣大約六成是以新娘服製作為主要訂單來源，所以可以想見師傅在結婚旺季的五、六月和過年前都會非常忙碌，如果想要不耽誤自己穿的時間，在旺季務必提早去與師傅溝通喔！

二、確認合作師傅：

這一步要放在前面是因為有少數的師傅會希望使用自己配合的布莊或自己店裡的布，先瞭解師傅的工作流程與狀況，再進行下面的動作。

三、蒐集資料選擇款式設計：

參考資料可以有網路、相關書籍和電影等，想好大約要做的設計，拍下照片帶去跟師傅討論。就算沒有想法也沒關係，就先去找師傅，師傅那裡很多參考和過去範例，可以提供很多靈感喔！

四、選擇適合布料：

大部分的師傅不賣布，所以你可以先去搜尋自己喜歡的布料，確認自己要做的旗袍長度，一般來說，幅寬超過一千公分以上的布，短旗袍（膝蓋上下長度）兩碼布足以應付，長旗袍（及腳踝）建議準備三碼布，如果還是很不確定，直接請教布店的老闆，說你要做旗袍，很有經驗的他們，會告訴你這樣的布是否夠做一件旗袍。如果你配合的師傅有合作的店家或自己的布，那就更簡單了，直接問師傅就對了！

五、與師傅確認設計、量身和確認試穿與完工時間：

帶著布和師傅一起討論確認設計，讓師傅量身，接著就向師傅確認製作的工作時間，大約何時可以試穿、何時可以修改完成等等，這時候有些師傅會先向你收取一筆訂金，兩方斟酌同意即可。

有些師傅會直接壓完工日給你，但如果完工試穿不滿意，通常師傅也會無償幫你修到滿意為止，所以記得要把試穿修改的日期也估進去，以免來不及重要日子上場。

這其中，量身是一門大學問，那天有很多需要注意的事項，首先記得要穿著你正式穿旗袍上場時要穿的內衣，因為旗袍量身要量二十幾個位置，其中有個地方叫做 BP（Breast Point）點，即是雙胸乳峰最高點的位置，有穿旗袍經驗老到的人都知道如果真的做了旗袍，這件內衣就要大量採購，以免以後買不到向隅，最後連這件旗袍也一起不能穿了。

另外，要盡量穿貼身一點的衣服，以便師傅量身，如果要做短旗袍，記得要穿短褲或短裙，或是可以拉到膝蓋以上的裙子或褲子。

六、完成：

試穿，有需要微調的地方，師傅再幫你修改完成，付尾款。

台灣旗袍師傅大公開

台灣各地都有師傅情報傳出，但我這裡主要介紹台北的師傅，其實上網查也不少，還有很多暗地遊移各處的師傅，這可真的都是要緣分才會認識到啊！這裡有做過才敢推薦，沒做過不敢說喔，僅供各位參考。

台灣旗袍師傅
大公開

玉鳳旗袍 · 陳忠信師傅

地址｜台北市大同區迪化街一段 72 巷 11 號

營業時間｜週一至週六，12:00-19:00

電話｜(02)2556-0008

宜姿旗袍 · 張秋生師傅

地址｜台北市迪化街一段 21 號
（永樂市場三樓第六街 3085 室）

營業時間｜週一至週六，9:00-18:00

電話｜0953-456506

榮一唐裝旗（祺）袍 · 許榮一師傅

地址｜台北市博愛路 122 號 6 樓之 2
（衡陽路武昌街中間，世運斜對面大樓）

電話｜(02)2361-3336

上海華美漢唐旗袍 · 林錦德師傅

地址｜台北市博愛路 122 號 3 樓之 1

營業時間｜週一至週六，10:00-18:30、週日，10:00-18:00

電話｜(02)2331-9889

京滬祺袍 · 李慶師傅

地址｜台北市延平南路 27 號 2 樓

營業時間｜週一至週六，11:30-21:00、週日，15:00-21:00

電話｜(02)2331-4498、0930-887071

以上是台北較具知名度的幾位師父，但因為我自己在這個領域裡走跳幾年，發現其實有很多沒公開開設店面的旗袍師傅，正所謂高手在民間，有時候逛布店時，老闆娘就會介紹好幾個，在我們自己的臉書旗袍社團也會有很多姊妹不時互相交流分享。因為這些不具媒體知名度的師傅自有自的生存法則，多半還是以人介紹客人為主要宣傳方式。所以除了上述幾個有口碑的正統師傅之外，就需要各位實際去體驗，才能感受是否貼近您個人的需求囉！

旗袍該怎麼穿？怎麼搭配？

坦白說，現代旗袍已經沒有以前那麼多限制，其實可以把旗袍當作時裝一樣，自行發揮創意和想像力，盡情設計與搭配。

說穿了，旗袍就像件連身洋裝，搭配也沒什麼訣竅，就是多聽多看多學多參考，美感不是絕對，但是流行有一個基本的趨勢和大眾感官認知，當然每個人的創意無限，我至今仍會不斷觀察到創新的搭配法，也常常令我感到驚豔。我個人也是有些搭配偶像，這裡僅分享我個人一些搭配經驗與基本原則，希望提供參考，期待大家能有更多的創意延伸！

素色？花色？

打開我的旗袍衣櫃，裡面大部分都是素色的旗袍，跟時裝一樣，素色旗袍就像是一塊乾淨的畫布，實穿性高，隨時都可以穿上街，而且加上任何配件都不會顯得過於累贅，搭配較為容易，也不怕過於花枝招展，只要配件搭配顏色得宜，配件比例大小抓一下，都不會有太大問題。

簡單的說，如果你的衣櫃都是素色衣服，代表你個人還是比較喜歡素色衣服的，那為何要一定刻意要挑一件花色的旗袍呢？除非有特殊場合需要穿著，當然希望能挑一件真心喜歡的旗袍，在平常也可以穿上街，和家人朋友一起共度美好的時光。

如果旗袍本身就是花色的，搭配就要很小心，如果真的想再加配件，盡量就以素色的配件為主，免得兩個花色互搶鋒頭。但也建議不能太多，把自己弄得跟聖誕樹一樣，就失去了旗袍的雅致了。

在顏色上如果選擇同色系是最安全和諧的，如果選擇對比色就會顯得華麗亮眼一點，而一般時尚造型師其實會建議身上不要超過三個顏色，這也是一個安全的色彩選擇。

冬天？夏天？

在台灣，因為夏天長冬天短，穿到厚重長袖的旗袍機會並不多，而春秋是最適合穿旗袍的季節，所以如果想讓增加自己穿旗袍亮相的機會的話，應該是買短袖的旗袍較為實穿。

但也有很多人會問我，如果太冷該怎麼辦，這個問題其實很好解決，只要直接加上針織毛衣或是小外套即可，如果再更冷，就在針織毛衣或外套外再加上風衣、大衣和圍巾，也就是所謂的洋蔥式穿法，在比較冷的區域這樣穿更適用，因為寒冷地區通常室內配有暖氣，一進屋內就非常暖和，更適合這樣衣物穿脫增減方便的穿法。

但如果真的很怕冷，那就直接買（做）長袖旗袍吧！或是直接買（做）毛料旗袍，雖然造價較高，而且穿的機會比較少，不過這樣一定可以解決所有問題！

配件

珠寶首飾

各樣的長短項鍊都可以搭配，除了常見的珍珠項鍊之外，我自己在素色旗袍上還會搭一些特殊民族風情或造型的項鍊，或是現在有些用花扣製作的項鍊、耳環和戒指也很適合拿來做搭配。展現中國風的玉和流蘇也都是許多人搭配旗袍的首選。

除了多樣的項鍊、耳環、戒指和手環等等，別針也是與旗袍非常搭配的配件，有許多人會在領口附近使用珠寶別針作為點綴。當然也有一部分的人會將珠寶做為鈕扣的一部分，比如愛穿旗袍的蔣宋美齡夫人，她知名的雙襟旗袍上，常常就會用珍珠或是翡翠做為扣子，看起來像別針一般的雅致。

另外在清宮劇中女子常見在襟上的第二個扣子掛上一個吊飾，稱作「壓襟」，壓襟的作用是壓住輕薄的衣衫，古時候的壓襟多是用玉石或串珠加上下垂的流蘇綴飾。古時女子上衣寬闊，風一吹便鼓鼓囊囊的，而壓襟可以使衣物平順，襟處緊閉，保有端莊儀態。

另外，在行走時壓襟上的墜飾彼此相觸，發出輕柔細碎的悅耳聲響，聽之令人心生愉悅。

現代到處還是可以見到這一類的飾品，如果覺得太古典，也可以選擇比較現代的材質設計，我曾經看過中國大陸的旗袍設計品牌「單芒」將花扣巧妙的變成蝴蝶結，有一點類似壓襟的感覺，是蠻特別的設計。

帽子、頭飾

帽子在旗袍電影《色，戒》中看到多樣的變化搭配，為之經典。許多三、四〇年代的復古帽子搭配旗袍，美不勝收。不論寬幅的大圓帽，或是藝術氣息的貝雷帽，搭在適合的旗袍上都展現出不同的風情，也給旗袍一種東西融合、異國風情的感受。

圍巾、絲巾、披肩

如同時裝一樣，各樣圍巾、絲巾和披肩都可以與旗袍搭出不一樣的風貌。

包包

以前的人有節省的美德，做完衣服通常會有一些剩布，這些剩布就會拿去製作成包包和鞋子，可以和自己的旗袍與搭成一整套。現在其實還找得到這樣服務的品牌店家，在台北的大稻埕永樂市場就可以找到，向他們尋求協助，就可以擁有一整套的旗袍 look！不過這樣整套搭配起來會感覺比較正式一點，適合出席正式或特殊場合。

而有些人認為旗袍不能搭配大包包，只能搭小包包或手拿包，其實如同時裝一樣，現在沒有什麼行不行，只有搭配起來協不協調，還是老話一句，多多嘗試就對了！

鞋子

一定會有人說，穿旗袍只能穿包鞋或高跟鞋，但是當我看過一些時尚人士搭配得宜的涼鞋和平底鞋，甚至運動休閒鞋，是意外令人驚豔的美。旗袍跟時裝，搭配不同設計的旗袍就要配合的鞋款，畢竟它是佔了全身上下最大的比例，所以其他才稱做配件啊！

我個人喜歡搭配瑪麗珍鞋、赫本鞋或是芭蕾舞鞋，應該也是最是搭配旗袍的一款鞋之一。旗袍只是一個統稱的名詞，它可以嚴肅、可以莊重、可以時尚、可以青春、可以活潑、可以正式、可以隨性，所有的配件跟著它走就對了！

另外，請記住繡花鞋並不是搭配旗袍的專利品。看過有許多朋友都喜歡，也直覺的覺得旗袍就該配繡花鞋，這的確是一種傳統的搭配法，但也有可能會讓人立即顯得老氣或傳統。

對於繡花鞋，按照花色搭配是很重要的，如果今天是花旗袍和花花的繡花鞋，就要十分小心地搭配，但如果是素色旗袍和繡花鞋，搭配相對上會安全一些，同色系的搭配也是安全的，而對比色會顯得更加華麗顯眼。

如果真的喜歡繡花鞋，除了中國大陸多樣的品牌和產品，其實台灣的繡花鞋也是國際有名，價格和設計都很不錯，台北城中市場、西門町和大稻埕，台南的林百貨和傳統市場中也都可尋見它的蹤影，前面提到以前的人節儉，會利用旗袍剩布做包包或鞋子來搭配，台灣的繡花鞋老字號品牌「小花園」還有提供旗袍剩布的訂製服務，有需要的人可以考慮看看喔。

髮型、妝容

穿旗袍適宜淡妝，有人喜歡復古造型，看看老照片，模仿不同年代的髮

型或化妝，這些都很值得嘗試。

以前長輩認為穿旗袍就不能披頭散髮，到如今已經沒有什麼太大限制，但披頭散髮會看起來比較沒精神一點，畢竟旗袍是一個穿上就立即會讓人抬頭挺胸的服裝，是讓人能自然而然由外而內改變自己的服飾，和寬鬆的波西米亞風格時裝大不相同，和隨性的浪漫亂髮是有點對比的，但是如果造型得宜，會有反差大的戲劇效果，應該是蠻好的表演效果或特殊需求時的好造型。

有些人喜歡模仿二〇和三〇年代的復古造型來搭旗袍，其中手推波浪的髮型是很常見的手法，然而據髮型設計師解釋，它是一個需要花上好幾個小時擠上髮膠才能完成的造型，其實有點麻煩，現在已經有直接賣手推波浪的髮片，可以像髮夾一樣。

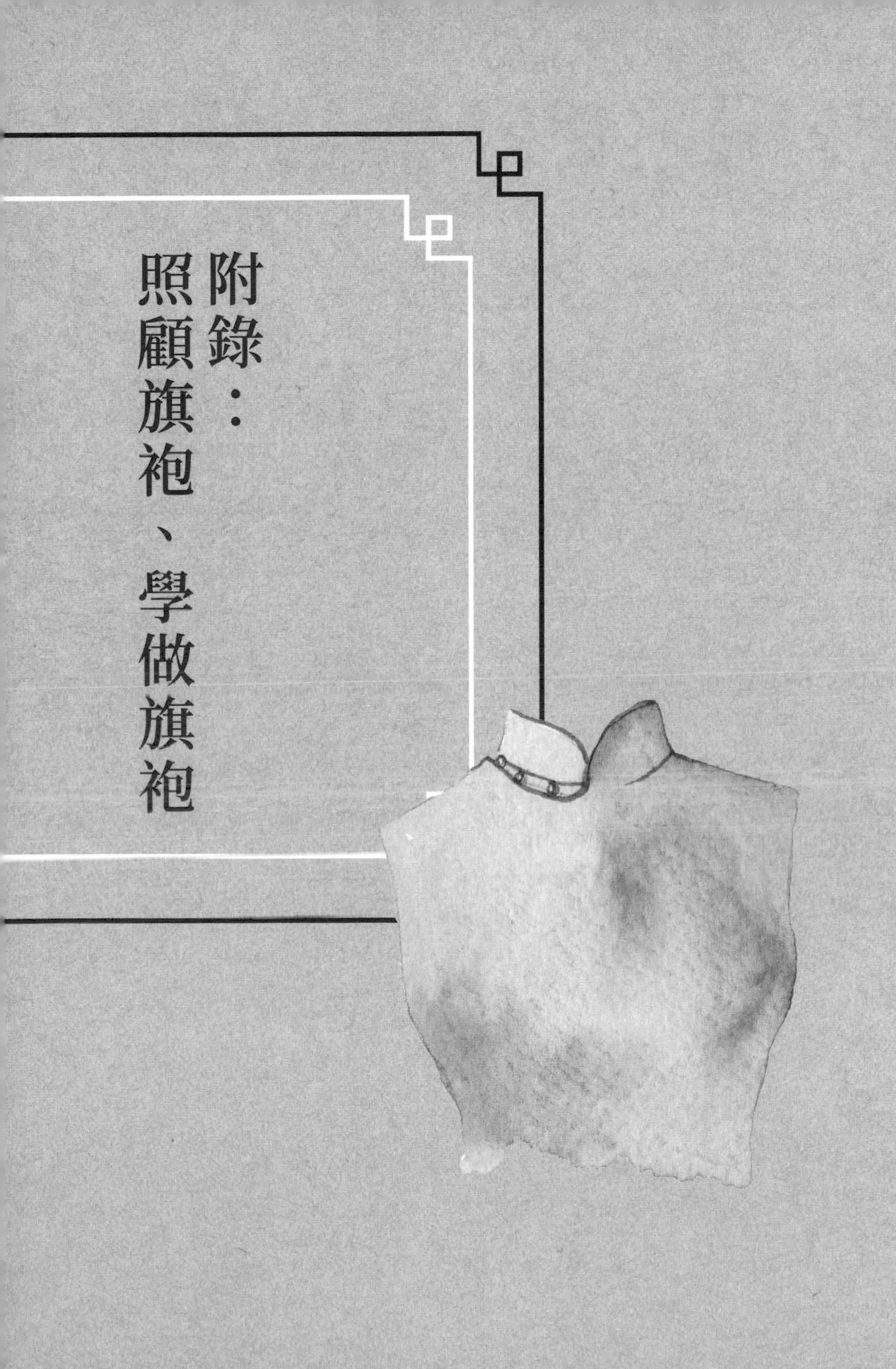

附錄：照顧旗袍、學做旗袍

照顧旗袍

買旗袍回家以後，要怎麼好好照顧旗袍呢？

通常以收藏來說，會建議盡量吊起來，以完整維持旗袍立領的挺度，如果真的需要摺疊，也要將立領朝上方後再摺疊喔！

而在清洗方面，旗袍其實不需要常常清洗，因為多洗一次就會增加布料的受損度，如果穿過沒有流什麼汗，其實可以不做清洗，以免旗袍褪色或受損。

清洗旗袍其實也不麻煩，如果真的很怕自己洗出差錯，可以通通丟給洗衣店，讓專業的來解決，一了百了。

但如果想自己清洗的話，首先就要注意旗袍的「材質」，以下是比較常見不同材質的照顧方法：

化纖、棉麻

屬於比較日常的布料，一般用鹼性或中性洗滌液，丟入洗衣袋，讓洗衣機洗就好，如果還是很擔心變形等問題的話，就用冷洗精手洗。

真絲、香雲紗、錦緞

屬於動物性蛋白，要避免使用鹼性洗滌液，建議用清水或中性洗滌液，不能用機洗，避免勾絲，一定要用手洗。

毛料

不能水洗，避免縮水，建議送去乾洗。

針織

一般洗滌液清洗，可以放洗衣袋機洗，但建議鋪平曬乾，以免變形。

以上所有都建議不要在太陽直曬處晾乾，以免布料產生變化喔！

其實有旗袍師傅教了我一種特殊的清潔法，這裡就不藏私的與大家分享——師傅建議旗袍不要常洗，但是真的在意的話，因為一般旗袍容易污損的地方僅是「領口」及「腋下處」，所以可以將旗袍在桌上鋪平，然後領口和腋下處拉到桌緣垂下，將洗衣精放在噴霧瓶裡對著領口和腋下噴，然後用手輕輕搓揉掉髒污後，再用清水噴霧沖洗，讓水直接滴下來，不要弄到旗袍本體，然後倒吊晾乾即可。是不是簡單又兼顧旗袍本身的維護呢？

學做旗袍

目前台灣學做旗袍有兩種方式，一種是正式拜師學藝，另一種是參加坊

間的課程。

拜師學藝通常出師要三到五年不等，跟在師傅旁邊，每天學習製作，至於師傅收不收學徒，則要去一一請示，學習期間可能會有微薄的薪水，需要自行去斟酌。

坊間課程最著名的有實踐大學進修教育部每年暑假所開設的國服班，或是例如大稻埕淨斯茶書院不定期有開設體驗型的課程。另外有部分職訓局或是社區大學會開設相關的課程，需要隨時搜尋。

旗袍相關課程

實踐大學進修推廣部

eec.usc.edu.tw

雅致人生淨斯茶書院

www.facebook.com/jingsitea

「她」與旗袍相遇的故事

撰文・陳昱伶

翻轉人生的起點

訪　何安蒔・
藝收納居家整理顧問、
中華心希望空間整理顧問協會理事長

何安蒔，人如其名，她真正的魅力並非來自安靜恬適的外貌，而是說起話來平仄有韻、我口說我心，如同香料蒔蘿般辛香有勁。

四月天的迪化街，人間好時節。依稀記得是清明連假的某個午後，天氣晴朗、不冷不熱，我漫步來到台北霞海城隍廟後方的「貳零年華」旗袍出租店赴約，那是第一次與安蒔的會面。一襲削肩義大利雪紡面料，印有類似 Emilio Pucci 招牌幾何圖形布花的現代手工旗袍，服服貼貼地包裹著安蒔玲瓏的身段，卻藏不住她鮮明的個人風格與堅韌的人生態度。「旗袍是我的封印」，這是旗袍帶給安蒔的神奇魔力。

穿旗袍的她並沒有失了率直的個性，卻像戴上護身符那樣安心，帶出更多溫柔婉約、內斂自持，愈發美好的自己。然而開始愛上旗袍、決定將其變成日常衣著的那一年，卻是安蒔人生中最失意、最低潮的時點。

二〇一五年是安蒔自十八歲國光藝校畢業以來進入職場的第十七個年頭，這一路自我探索的旅程，陸陸續續換過將近三十個工作。舉凡知名大型書店、五星級飯店、演藝圈都有她的足跡，不論是大公司、小公司，從一線服務人員到業務副理；雖然體驗了各種職位，卻對於多年來一直沒能找到全心全意投入的工作感到恐慌，因此每隔一段時間只要發現自己在所處的崗位上能量停止、沒有更多新的東西可學的

時候，她就會跨界轉換跑道。

由於口齒清晰、容姿端麗，加上態度積極，面試一向如魚得水的安蒔，卻萬萬沒想到在三十五歲這一年離開當時的業務工作以後，老天爺竟然將她所有求職的大門關上。當四處碰壁，存款僅剩下五萬塊的時候，她遭遇此生前所未見的挫折，因為如同過去找工作、換工作的反覆已經解決不了根本核心的問題，只能抽絲剝繭更深層地問自己真正要什麼。

儘管很著急，但也被迫認清必須試著停下來才能讓焦急的心安靜，腳步放慢，重新探索、傾聽內在。

原來生命的禮物有時不一定按照我們喜歡的方式呈現，卻一定是上天的祝福。

因為一時找不到工作，所以有機會可以用心過生活，安蒔開始整理家裡，這是她很擅長、一點也不覺得辛苦的事情，因為有了較上班時更多的時間，完美性格的她便將自己整理的計畫，方法，思考，完

整記錄在臉書上，意外地收到很多朋友的熱烈迴響並且希望請她到府協助。

她逐漸察覺，自己擅於發現問題並且直言不諱提出解決之道的特質，是過去在職場上不討人喜歡的缺點，卻是現在提供他人居家整理建議上不可或缺的天賦。就在不斷地居家整理心得分享中，她開始意識到在國內尚未盛行，在國外已經行之有年的「居家整理師」行業或許是自己的天命，雖然帶著不安但決心以此為目標的安蒔，就這樣為自己整理出一條實現天賦自由的路。

讓她痛定思痛的覺悟是：「工作換再多，到頭來如果不能靠自己，我還是要受很多不同的氣。如果所有的門都關上，就自己做一扇門吧！」憑著這樣的底氣她走向自己內心的渴求，透過社群媒體的經營與分享，不僅成立了個人品牌「藝收納居家整理顧問」，成為了能夠獨當一面到府服務的居家整理顧問之外，目前也是台灣第一位開班培訓的居家整理顧問講師，不久前又多了一個作家的身分，首次出版

了這個領域的專書《走進陌生人的家：何安蒔教你整理心，再整理空間》。

第一期開課的十三堂居家整理師培訓課程，安蒔身著十三件不同的旗袍來詮釋每堂課不同的主題，連授課內容簡報的樣式，也與她每堂課身著的旗袍花色相應，如此別出心裁的巧妙安排及鮮明的品牌形象，讓安蒔有別於其他居家整理師，在業界迅速打開知名度，目前還有許多課程、演講以及媒體採訪陸續邀約中。

當初跌到谷底的人生，早已跨越是否重回上班族生活的舒適圈，一步步穩紮穩打走得好遠了。然而，黎明前的夜是最黑暗的，任何人的成功都不該被簡化，如果不是在最拮据困頓、四處碰壁時，還願意堅持走一條自己的路，那麼屬於安蒔生命的光芒將無處綻放，與生俱來的舞台魅力、領導人性格與影響力也只是墮入辦公室茶水間，他人茶餘飯後因嫉妒所生的閒話裡。

「我一直覺得人生目的就是要找尋快樂和做有趣的事。」安蒔從

不在意他人的眼光，總是不斷追求心之所嚮，走一條沒有人走的路，才有機會到達那個別人去不了的地方，然後在自己的天地裡毫不客氣地閃閃發光！

「二〇一五年是我人生的轉捩點，當開始做自己的事、走自己的路，我整個人都變了，變得好有自信。」安蒔與旗袍的不解之緣也從這裡開始。

二〇一五年底，因為迷上了大陸電視劇《偽裝者》劇中的旗袍，開始上網淘寶成衣旗袍，並且重拾學生時代劇場藝術科戲服設計組的專業，將購入的素色成衣旗袍加以改造，運用拼貼、繡花、蕾絲，讓平凡無奇迎合大眾市場的成衣旗袍，變成獨一無二私的收藏。

就在邊買、邊穿、邊玩、邊改造的同時，安蒔發現：「穿旗袍的我是最有自信、最漂亮的。」於是逐漸將旗袍穿進日常。後來也開始到迪化街選布、挑面料，體驗不同師傅的手藝，量身訂製屬於自己的

旗袍，之後也堅持穿旗袍出席公開授課、演講、訪問的場合。

有別於多數人對居家整理顧問工作內容的誤解，她開玩笑地說：「我不是清潔阿姨。」而美和優雅正是安蒔想導正大眾認知，呈現的個人風格與品牌辨識別的關鍵。

安蒔目前擁有七十多件旗袍，成衣與手工旗袍都有，但她愈來愈醉心於訂制手工旗袍，很享受從選布開始與師傅討論設計的過程。

從選擇成衣旗袍到訂制旗袍的轉變，就像她從無到有的創業之路，從忙盲茫只能聽話照做的上班族，蛻變成能掌握自己每一個決定，實現天賦自由的創業主。

她依稀記得第一次穿旗袍上街，是頂著一襲紅色長旗袍回娘家過耶誕節，從走在路上、搭捷運到穿越長長的菜市場，一路上成為矚目的焦點。

「一開始有一些不習慣，但發現大家的眼神其實是覺得很美的時候，我也投以點頭微笑。」令我覺得美的，並非只有安蒔那副像是為

旗袍而生、玲瓏有緻的骨架，而是她比任何人都清楚自己是誰，知道怎樣的自己最美，不因外境的影響動搖內心的自在從容。

然而，美感的養成並非一蹴可幾，潛移默化對美和優雅的堅持源自於陪伴她成長、深諳裁縫製衣，經常穿著旗袍的奶奶。

十歲前的安蒔是奶奶帶大的孩子，所以和她老人家特別親近，舉凡站坐臥躺、舉手投足、應對進退間的分寸奶奶都特別看重，這也深深影響安蒔後來的習慣養成。

二〇一七年的年底，安蒔的奶奶去世了，基於對奶奶的懷念還有對旗袍的熱愛，安蒔將奶奶僅剩六件旗袍中的四件修改成適合自己身形的樣式，每每穿在身上就會浮現與奶奶相處的美好回憶，還有她曾經穿著這些衣服的樣子，我想再也沒有比這樣思念一個人更美的方式。

那一下午的談話與其說是採訪，更像是聊天，同樣年紀、同樣星

座的我們，在相同的時間點有過相同的不安與徬徨，有著類似的生命轉折，猛然回頭才發現早已跨越了原本生活的藩籬，一開始覺得不可能卻也走了好遠，伴隨而來的是好多意外的收穫與發現。

安蒔的生命故事像是告訴我：「成為這世上你希望看到的改變。」這正是她將旗袍變成日常穿著、個人品牌的起心動念，更是翻轉人生的起點，唯有不斷努力地重組、拼湊，才能聚焦自己人生裡真心想要的畫面。

人生最好的配置

訪 黃麟雅．
漢麟全科技執行長、
璽悅產後護理之家董事

黃麟雅，漢麟全科技執行長、璽悅產後護理之家董事，新世代的年輕女創業家，我不能說她是台灣家喻戶曉的名人，但的確是許多知名品牌公關活動的座上嘉賓，也是在地名人雜誌報導的寵兒。

同樣身為女人，我必須承認她姣好的容貌、舉手投足間的明星特質、還有與生俱來大家閨秀的風範實在引人入勝；然而，有機會與她

近距離互動、交流後，才更加覺察她對旗袍的熱愛、對美的追求，乃至於人生態度，都愈發耐人尋味。

在過往對於麟雅的媒體報導裡，關於執行長、時尚名媛、科技女神、音樂系美女等等……那些錦上添花的封號已經說得太多，我更想知道她如何詮釋與註解，身為一個女兒、孫女、妻子、一個美的追求者，甚至未來成為他人母親的角色。這些我們觸手可及、能夠投射、容易產生共鳴的角色，才是隨著光陰流轉仍得以雋永的生命故事。

歲月的小船划向記憶的深處，記得是小學時期有一次在中影文化城，穿了早年沒有掐腰、不修身的旗袍——那是麟雅第一次穿旗袍的印象。

其實從小學三年級開始，她就莫名地對中國風的圖騰與刺繡非常迷戀，這一切都源自於外婆的影響。說到自己美感的啟蒙導師、親愛的外婆，麟雅眼睛一亮，化身小女孩一般撒嬌地說：「外婆很愛漂亮，

自我有印象以來，她總是穿著美麗的旗袍，優雅又傳統。我五、六歲開始就常常跟她一起去買布，外婆家有一個很大的衣櫃，裡面有很多的花料，我從那時候就懂得選布，開始喜歡旗袍。」

無論是時裝或旗袍，公開場合或私人聚會，正式、莊重、休閒、妖嬈，麟雅總是應時合宜、穿著得體，從面料、版型、花色、配件多有講究，也非常瞭解自己想要呈現什麼、適合什麼、堅持什麼，不僅反映在衣著上，不人云亦云、擇善固執的個性也都歸功於外婆從小對麟雅以身作則的美感教育與人格形塑。

然而，美麗的衣裳會褪色，與外婆相處的點滴則永遠存在麟雅心中思念最深的地方。麟雅回想起去年初在土耳其旅行的途中，媽媽傳來外婆辭世的訊息，當時的反應是心整個凍結、呆滯許久無法回神，往事一幕幕如同幻燈片在腦海中輪播，想起小時候第一件印象深刻的美麗衣裳，是外婆買給她的一件富有設計感的露背裝，還有第一次學太極、第一次寫書法、第一次唸日文、第一次唱日文老歌、第一次做

衣服、第一次接觸華麗的布材……都和外公外婆有關。

提起外婆的一切，麟雅的眼神充滿驕傲與景仰：「她美麗、自信、勇敢、外放，有能力、心中充滿愛又得體莊重。」比起母親，麟雅覺得自己在個性上更像外婆：「母親說話親聲細氣，個性溫柔，很單純很善良，無論人前人後都保持一貫優雅，雖然與世無爭，相對也比較膽小怕生。母親給了我穿上旗袍後那副優雅的調性，表裡如一的莊重自持，但處世上我更遺傳自外婆的堅強和勇於嘗試。」

集母親與外婆人格特質於一身的麟雅，總結出屬於自己「優雅、勇於嘗試、表裡如一」的性格，也反映她在旗袍的穿著與人生態度。

麟雅對於旗袍的喜愛可以說是「痴狂」的程度，從小到大已收藏了三百一十七件旗袍，數量持續增加中，她開心地笑說再五件就湊成她的幸運數字「322」了，相信一定很快就能達成！目前她每個月仍赴迪化街訂製旗袍，將大部分的旗袍存放在婚前自有的一個房子

裡，近三個月規劃使用的才拿至目前的住所以便著裝。

這些年她勇於嘗試不同的材質、面料、版型與配花以及不同師傅的手藝，也嘗試自己畫設計圖。

因為非常了解自己的喜好與身形，從選料到設計總是快、狠、準，她笑著說：「只是做旗袍而已，不像人生無法重來！」她鼓勵大家和她一樣勇於嘗試、從做中學，邊學、邊做、邊修正，就像面對創業或是人生中不同的決定一樣，沒人保證什麼才是百分之百的完美無誤，但是一個不完美的行動也勝過一個完美的不行動，在嘗試中才能一次次更認識自己，符合期望。

由於時常在工作上需要接待貴賓與參加宴會，麟雅偏好的面料是高貴的香雲紗、真絲刺繡與真絲緹花，其中又以市場上品質良莠不齊、價差極大，稀有優質的香雲紗最特別。

香雲紗是一種廣東特有植物薯莨的汁水浸染蠶絲織物，再用珠三

角地區特有的富含多種礦物質的河道淤泥覆蓋，經日曬加工而成的一種昂貴絲製品，是世界織品中唯一用純植物染料染色的絲綢面料，由於製程繁複，現今也愈來愈少人能掌握它織造的技藝，被紡織界譽為「軟黃金」，也是深圳市市級的非物質文化遺產。

因為它本身的顏色讓整個面料的質感看起來穩重優雅，儘管光看布料時覺得暗沈，只要穿上身就有一種說不出來的沈穩氣質。麟雅認為身著香雲紗旗袍除了穿上的質感舒服外，儘管草木、時俗、人情、世風都在流轉變遷，唯獨香雲紗仍在時間的考驗下傳承，有著祖祖輩輩身上的汗水，泥土的清新，還有陽光、空氣、水帶來的生機和稟賦，這一切都成就了它的超凡脫俗與高貴典雅，更能展現對他人、對自己的重視。

近年來當擁有的旗袍愈來愈多以後，麟雅也開始汰舊換新，將自認做工不夠精細的出清、讓渡，僅留下做工精緻、面料版型特別，值得傳承的旗袍。

環視麟雅眾多的旗袍的收藏裡，有一個以青花瓷為主題的經典系列，對她來說，無論旗袍本身或是青花瓷，都是極具中國文化底蘊的代表，兩者的融合更是她個人與中國風連結的極致。

此外，這個系列對她來說也別具意義，因為不只一次她帶著這個系列遠赴義大利拍照，其中，在米蘭大教堂前身著青花瓷旗袍的婚紗照更是她與先生永生難忘的美好回憶。

另一件特別的收藏是黑色小羊皮的的長旗袍，也是麟雅顛覆旗袍慣用面料、勇於嘗試的得意之作，側邊有著整條亮面，帶有皮革的帥氣與旗袍的婉約，麟雅自信地穿著它到上海、北京做旗袍文化兩岸交流。

以版型來說，琵琶襟是麟雅非常喜歡的，她認為這是任何場合都得體百搭的版型，無論是真絲、素底的面料，只要邊鑲了綠或藍就莊重合宜，尤其是出席擔任講師、評審的場合，麟雅一定穿琵琶襟版型的旗袍，更顯高貴有份量。

雖然麟雅鼓勵大家勇於嘗試各種設計的旗袍，但她也語重心長地呼籲無論是新手還是資深旗袍同好，不要穿過於暴露或過短（膝蓋以上）的旗袍，第一不符合旗袍端莊的形象，再者，若要表現性感，可以挑選軟的材質著手，能夠呈現身型的剪裁也能加分，其他像是衩開在剛剛好的高度，運用蕾絲若隱若現的特性，還有最重要的是，平時就要好好愛自己，重視健康、留意體態，無論豐腴或是纖細，只要曲線緊緻一樣能展現性感。

在生活裡，同時身為一個公司負責人、一個女兒、妻子、一個旗袍愛好者、美的追求者，甚至在不久的將來會成為他人的母親，麟雅深深覺得這就像是在開飛機一樣需要取得一個平衡，因為人不可能什麼都要。

「以前年輕，總覺得自己可以照顧到所有的事情，但漸漸發現，當我什麼都想抓緊的時候，我可能會失去更多。」在外婆過世後，外公突然眼神呆滯，她開始反問自己，到底什麼對她來說是最重要的？

麟雅當下決定下一個人生課題便是：「選擇要什麼，不要什麼？目前我最需要重視與花時間陪伴的是我的先生和家人。」不管是人生或衣櫃，一段時間過後都需要淨空，斷、捨、離，找到符合需求與當下人生階段最好的配置。

身為一個孫女，在外婆過世後，麟雅一有空就去外公家，買他喜歡吃的日本料理陪伴他。

身為一個女兒，從小就非常叛逆，直到創業成家以後逐漸角色顛倒，變成一個很會管媽媽的女兒，規定媽媽一定要堅持運動與讀書，也時常帶媽媽吃山珍海味、出國旅行作為堅持好習慣的獎勵。

身為一個妻子，儘管有自己的事業，平時也有許多社交活動與運動、學習的安排，週末一定堅持陪伴先生，用心經營夫妻生活；身為公司負責人，因為這些日子的刻意練習讓自己逐漸釋放，更能換位思考、更多傾聽、更多以身作則，用同理心協助工作團隊完成目標。

最後，身為一個旗袍愛好者，麟雅認為除了家庭、工作之外，女

性也要有自己感興趣的圈子，有志同道合的同好們互相支持，一起學習、成長，目前擔任中華旗袍文化藝術學會的理事，重視旗袍文化的藝術的學習、兩岸與國際的交流推廣，定期舉辦得美姿美儀、旗袍文化等課程，讓會員們能一起學習、共好。私下麟雅也樂於出借旗袍給她的好姊妹們，甚至是一次都沒有穿過、全新的旗袍，她也常常不吝惜分享呢！因為她深切希望姊妹們也都喜歡旗袍，和她一樣認同也願意欣賞旗袍之美。

麟雅回顧過去的自己，也看著目前身邊太多女性朋友都很要強，想要一肩扛下所有責任，然而，最終發現我們不是拿來跟男人比較的，沒有必要處處都展現得像個女漢子，把自己弄得很累、很崩潰，當我們適度地取捨、放下，我們才能變得柔軟，有更多的空間去愛、去同理、去包容、去體諒。

雖然我們與麟雅的生命故事不盡相同，但同樣身為女性，在家

庭、職場上一樣身兼多元的角色，也難免在各自的責任裡過度堅強。其實，真正的勇敢並非一味地展現堅強，而是能安頓自己的徬徨，坦承面對自己的弱項，虛心接受他人的建議與協助，轉念後就調整自己往更好的方向。

說比做容易，但只要願意嘗試、克服恐懼、甩開束縛，那麼我們終會在生活的修行以及人生各種的試煉裡，逐漸活出那份屬於自己怡然自得的恬靜，如同做工精細的旗袍一樣，內外兼具、表裡如一。

與母親獨有的回憶

訪　奚文玲．
基督教台灣貴格會板城教會牧師娘、
聖德基督學院鋼琴老師

奚文玲，她是教會裡服侍奉獻、人人仰賴的牧師娘，也是用信仰與音樂治癒人心的鋼琴老師，同時也是已故國寶級旗袍教師徐幼琴女士的親生女兒。

從小在不算富裕卻重視文化底蘊的家庭裡成長，父母傾全力栽培她彈鋼琴、跳芭蕾，對於學科成績的鞭策也從未鬆懈。有母親是國服大師這樣的家學淵源，從小又浸淫在藝術學習的環境裡，文玲對「美、優雅、旗袍」的理解就像吃飯、喝水那樣自然。

她對美的註解，如同她所指導的兒童合唱團獲頒的金曲獎專輯名稱一樣——你是獨特的寶貝。她深信每個人就是自己的品牌，無論什麼年齡都能展現屬於自己美麗的姿態。

外表會日益毀壞，然而經過歲月的積累、人生閱歷的堆疊，透過一次又一次的自我認識，肯定自我存在的價值，真正的靈魂深處的美麗就會由內而外。

文玲自稱是標準外省人第二代，父親是四川人，軍人背景，抗戰時期就來台灣，是軍中的工程人員，小時候父親因公常常需要到國外兵工廠出差，因為見多識廣所以觀念很新潮。

文玲帶著崇敬的眼神形容父親，人長得體面，很注重穿著，很會配色，不但寫了一手好字也會畫國畫；母親是廣東人，中國大陸淪陷前夕，她與文玲的外婆路經台灣準備赴新加坡探望在大學教書的外公

時，誰料到中國大陸淪陷，後來就滯留台灣回不去了。

據說文玲的母親在廣東家大業大，小時候也學過刺繡，來台長大後師承上海派李煥根師傅，十九歲就在高雄婦女習藝所任教。

文玲的家中有三個孩子，她是長女，以下還有兩個弟弟。

因為父親重視女兒的美姿美儀，從小就讓她學習芭蕾，十歲以後又讓她學鋼琴，兩個弟弟也學小提琴直到初二升學為止。

在民國六十年，一台鋼琴要價三萬元與房子幾乎是等價的年代，她的家庭稱不上富裕，但當時父母親對於三個孩子藝術教育上的投資叫許多人不可思議。

文玲有些不忍地說：「別人家在置產的時候，我們家投資在栽培三個孩子的藝術教育費用。」這也是她從小就下了一定要把鋼琴練好的決心。

在音樂、舞蹈浸淫下成長的文玲，對於鑑賞旗袍的做工、設計、

面料、花扣等等……也是自小就很有概念的。

旗袍，是文玲從小到大最常出現在視線裡的服裝類型，除了母親是一位專業旗袍教師之外，印象裡所有認識的女性長輩也幾乎都是穿著旗袍。

文玲的母親徐幼琴老師，師承上海派李煥根師傅，高中畢業以後，十九歲開始就在高雄婦女習藝所任教外，也曾在實踐大學高雄校區授課多年，在南部旗袍界頗負盛名，當時有「台北蔡孟夏，高雄徐幼琴」一說。

文玲的母親有很多學生，甚至有人從台北南下學習，在洋裁當道的時代，母親依然堅持國服的研習與製作。

徐幼琴老師也曾擔任國家技能競賽國服的裁判長多年，可算是國寶級的旗袍教師。當年因為婦女習藝所附設幼稚園，文玲每天跟母親一起上學，從小就是看著母親設計、縫製旗袍長大的。

兒時記憶裡，她總是跟著母親買布、剪布、車布邊、配滾條、縫

扣子等等。自有記憶以來就有很多人來家裡拜託母親做旗袍，對於母親的印象就是永遠穿著旗袍。

母親在家縫製旗袍的時候，也常常問文玲的意見，所以從小她就對於美很有感受，看到漂亮的布就請母親買給她，給她做衣服，因此在那個普遍貧窮、物質缺乏的年代，文玲永遠是學校裡最漂亮的孩子，也因為在母親的耳濡目染下，文玲從小就很清楚自己要什麼，不管對於衣著、打扮還是其他面向都很有主見。

無庸置疑的，母親是文玲身教、美感、以及價值觀的啟蒙者：「母親大我二十二歲，在大家庭裡就像是姊姊一樣，她對自己的專業嚴格，對人卻是極其溫柔，常常不懂得拒絕別人，我因為不忍心母親太勞累，看不慣常來家裡無酬拜託母親改衣服的人，所以護母心切，常常會管起她來。」文玲與母親情同姊妹，無話不談，雖然也有意見不合的時候，但母女間說話不用打草稿，愛是特別深的。

文玲對於前年底辭世的母親有著無限地思念，印象很深刻的是：「我考上大學時，母親特別為我做了一件紅色棉布碎花旗袍慶祝，那是我第一次穿旗袍的記憶；到了寒冬時又縫製一件寶藍色的蠶絲長棉襖，夾層也全是蠶絲內裡；結婚時則為我縫製一件紅色的織錦緞禮服。往後幾年，每遇生日或是音樂會我需上台演奏時，母親都會問我的喜好，然後特別為我精心設計非常典雅的旗袍。感謝上帝，我有一位專任旗袍師，她總是以她精湛的手藝，表達一個母親對女兒的鍾愛。」

去年的母親節，文玲開始需要練習接受母親缺席的事實，心中除了懷念以外，文玲也格外珍惜過去母親為她縫製的每一件旗袍。

慈母手中線，遊子身上衣；臨行密密縫，意恐遲遲歸——在前年母親七十七歲辭世後，文玲接收了母親所有旗袍，挑了幾件改成自己的身形，當時接手修改的師傅形容那些旗袍像是做了要穿上一百年似的，滾邊很難拆，做得十分牢固，當下令她對遊子吟的字字句句份外

有感，因為每一件都是一份寶貴的愛的禮物，每一件都是一個甜美的回憶。

有幾件旗袍讓文玲印象深刻，也陪著她渡過幾個重要的時刻，像是考上大學那一年，一方面是慶賀，一方面是母親對於大學生活有著如同《未央歌》小說裡的想像，給她做了一件紅色棉布碎花旗袍穿到學校，原本興高采烈，殊不知到了校園裡被同學誤認是女老師，因為大家都想不到一般女學生會穿這麼精美的旗袍！

接著是為了文玲的大學畢業音樂會，母親縫製了一件白色荷葉邊，滾金邊，有個大腰帶的旗袍，用的是燈光打上去會發亮的舞台布料，相當大氣優雅，包括後來文玲到歐洲演奏時，也驚艷全場，頻頻受到大家的讚賞與青睞。

還有一件是近年文玲赴上海出席台商朋友的銀婚聚會時穿的，當時場中眾多的名媛貴婦穿的都是香奈兒套裝，唯有文玲與眾不同的穿上一件典雅的墨綠色旗袍，獨樹一格。

另外，像是具有地方節令色彩的花樣也是文玲樂於收藏的。記得第一屆土城油桐花節，那年文玲特別選購印有在地油桐花漾的棉布，請母親縫製一間專屬的油桐花旗袍。

其他像是每一年文玲所帶領的學生音樂發表會上，母親也每一年為此盛會幫文玲製作新的旗袍登台，與其說這是學生音樂會，也像是文玲母親一年一度一件的旗袍發表會，算一算音樂會辦了有四十年，驚覺因為此事出自母親之手的旗袍就至少有四十件。

除了在每個精心時刻，母親無怨無悔地為文玲打造美麗的旗袍外，文玲感念母親總是不斷地為她禱告，只要求她要做一個誠實、負責任的人，為她縫製的旗袍就如同護身符，每一件都帶著母親最深的期盼與祝福，也一一訴說着她與母親之間甜美溫馨的故事。

然而，穿著母親為自己做的旗袍，每一次要清洗的時候都很掙扎，因為每洗一次就會折舊，像是織錦緞那樣的材質更是洗兩次就壞

了，因此後來就買成衣旗袍在日常生活裡穿，只有正式場合才會穿母親設計縫製的，又是一次護母心切，文玲想要緊緊抓牢那些屬於她與母親的、獨有的、深深的回憶。

由於自小跟在母親身邊看過太多設計華美、做工精細的旗袍，不知不覺也鍛鍊了眼光與品味。人家說中國絲，法國綢，瑞士棉，文玲最喜歡的是真絲面料的旗袍，因為冬暖夏涼，穿上身還有一種大戶人家的氣質；顏色上喜歡的是秋香綠、湖水藍柔和的顏色，但了解自己的膚色與性格，覺得紅色很適合自己，目前大約有兩百件旗袍，其中約有一百件源自於母親的手作。

已經是五十世代知天命的年紀了，文玲很自豪從十八歲起收藏的衣服到現在都還能穿。維持身材是她對自己的要求也是對美的要求，四十歲以後學了十年的佛朗明哥，文玲認為那是發自靈魂深處的吶喊的舞蹈，因為是獨舞毋需與人配合，舞動的過程可以讓自己安靜下來

好好沈澱思考，近六年又開始學習國標舞，她享受兩項舞蹈讓她穿上漂亮的舞衣、高跟舞鞋翩翩起舞的樣子，她期許自己能夠優雅地慢慢變老。

人生的路已經到達知天命的年華，一路走來文玲生活的重心都在教會與家庭，她未曾改變過的是對自己、對美的要求外，持續與先生同進同出、輔導幫助教會弟兄，回到家自己做菜，讓一家人圍桌吃飯是她堅持的承諾。

她重視外在與內心的平衡，因為不偏頗地過日子的時候，才是真正的美好，她也鼓勵大家吃好的食物、說好話、愛物惜物，常保喜樂。

她用聖經裡有一句話作為處世哲學：「喜樂的心乃是良藥，憂傷的靈使骨枯乾。」因為人生無常，當下最好！

最美的自己

訪 林靜端·
貳零年華旗袍出租店負責人

年初七的午後，滂沱大雨，我穿梭在迪化街城隍廟的周邊，找一家名叫「貳零年華」的旗袍出租店。才開工就遇上又濕又冷的天，視線不好找不到路，眼看著與朋友相約的時間就要遲到了，我一反往常不再仰賴直覺與失靈的導航，趕緊播了店裡的電話問路。

電話那一頭的溫暖聲音，指引我走進了「貳零年華」。

一進門，穿越那幅有昔日迪化街熱鬧市集的彩繪，我遇見了滿屋

子的旗袍和對於那個年代的憧景與嚮往，還有一個很特別的女人——林靜端，「貳零年華」的女主人。

你很難想像，她沒有任何藝術與服裝的學術背景，過去在管顧公司上班，現在卻開了一家這樣雅致的店。那場雨，為我開啟了一段友誼，想起自身曾經與旗袍有過的對話，也開始對眼前這位優雅的女人、這家店，還有滿屋子的旗袍產生好奇。

「萬物、靜端、自如」，一進門我看到窗戶旁一張身著小鳳仙裝女子的照片，照片上頭就是這六個字，就在等待同行友人試穿旗袍的時間，我開始與靜端聊天，所有的好奇與故事也從這裡開始。

桌上的花插得好看，像是自己從瓶中裡生出來似的那般自然，靜端一邊泡茶，一邊笑著說，這一切都從八年前做的一件傻事開始，向我遞上茶杯時接著說：「但如果一件事情能堅持做了八年，那大概就真的是熱情吧！」伸手捧過茶杯，我看見她眼神裡的光，那是真心熱

愛自己正在做的事，走在夢想道路上的人才擁有的，照片上的六個字「萬物、靜端、自如」，彷彿正呼應我眼前的靜端，當你聚焦在自身熱情所在之處，周圍的萬物都會安靜下來，你就能在自己的園地裡怡然自得。

靜端與旗袍的連結，始於家族重要照片裡女性長輩穿著旗袍的深刻記憶。

「於是我就想著有一天，我也要穿上旗袍，尋找自己與舊文化體系的連結。」靜端姐將我的茶杯斟滿，一邊說著。

因為學茶的原因，靜端開始探索富庸風雅背後更深層的文化意義，也開始培養自己以文化人自居。每年兩次上海、北京京劇院來台表演時，一定身著旗袍盛裝出席，表達自己對傳統歷史文化的敬重。她發現，當自己看重這件事情，也用服裝表達對這個活動的最高敬意時，左右鄰坐不認識的陌生人，也都對她投以尊敬的眼神。

靜端姐相信，禮義廉恥溫良恭儉讓，傳統文化的美德在穿上旗袍的瞬間，自然而然我們就會符合那樣的形象，因為旗袍的輪廓線沿著身形走，可以模糊與閃躲的地方很少，外在的約束會內化到心裡面，穿上身就會不自覺地端莊起來，如果失了分寸就會破壞整體的美感與平衡。

八年前因為眼睛愈來愈弱，在醫師預告可能一瞬間就失明的同時，她並沒有哀聲嘆氣，反而開始想為自己多留下一些照片，想透過不同的主題、梳化，捕捉自己最美的樣子在心裡永遠珍藏。

八年來，春、秋各拍一次，二十多個主題，旗袍也好、漢服也罷，只要從電影裡、生活中得到靈感，就成了每一年不同拍攝的主題。靜端興奮地說：「別人的一生就是一輩子，我像是用了八年過了好幾輩子，藉由揣測我所扮演的角色決定拍照時的表情與姿態，我彷彿體驗了多種人生的樣貌。」

在八年後的現在，她的眼睛不再有危險，她的心也深深被治癒。靜端指著那張題有「萬物、靜端、自如」的照片，告訴我那是她告別式上要放的照片，因為她從中看見最美的自己——這八年持續拍照的過程中，一向不覺得自己漂亮的她，終於從不同的角度覺察自己的美，開始肯定自己，也藉由這張照片時刻提醒自己，把握光陰，活出生命的色彩，為自己的人生做出不悔的決定。

有句話說：「我們無法決定怎麼生，怎麼死；只能決定怎麼愛，怎麼活。」我從靜端姐與旗袍的生命故事體悟到這句話的真意。

「貳零年華」是靜端八年來與旗袍對話的總結，然而這不是終點，是另一個起點，她期許這裡能夠成為女性成長的園地，透過穿著旗袍更認識自己，重新探索傳統的文化、美德，讓有形的服裝借假修真，端正自己的儀態也端正自己的心性，成為更好的自己。

後記

林靜端．

用旗袍來寫她們的生命故事
——女性書寫的傳承

馬于文．

從「我不穿旗袍」，到「我很愛穿旗袍」
——華人女性的必修優雅學

陳昱伶．

「貌美無病障，譽雅命久長」
——身著旗袍的自我期許

林靜端──用旗袍來寫她們的生命故事──女性書寫的傳承

經營一家旗袍租借服務店，對我來說是不只是服飾業或文創店，而且是夢寐難求的志業。雖然出生在一個經商家庭，但創業對我而言仍是可望不可及的事。

我記得母親去世前半年曾對我說：「你擁有這麼多才華，又肯努力腳踏實地做事，任何事情你來做都會成功，你想要做甚麼事業就告訴我，我可以栽培妳。」當下，內心很感激母親的期許，但也沒有企圖心。

一直到母親過世半年後，在一次唸誦《地藏菩薩本願經》迴向母親的過程中，當唸完第二十八遍經文已是深夜一點，隔天清晨要趕班機到日本，行李都還沒打包，我累到倒頭就睡，我都不確定睡著了沒，母親就出現在眼前，她手上拿了很多非常長的衣服給我，因為太長了，母親的手舉得很高，一件一件放在桌上，夢境很暗，看不清楚是什麼衣服，彷彿聽到母親說：妳要去的地方很冷，要多帶一些長版的衣服。然後她就回頭走進電梯，好像要去拿更多衣服給我，然後我就醒了，看看牆上的時鐘，才一點十分。這麼短的時間，這麼真實的夢，我當時想，母親知道我怕冷，要去日本，叮嚀我衣服要帶足。

隔年三月參加白靈老師的大稻埕導覽寫作戶外課程，我當時是班長，活動事先安排規劃過程中讓我對這裡的故事充滿好奇，原來大稻埕不只是年貨大街、布匹批發市場，還是許多藝術與文化的發源地，不只孕育了李臨秋先生的望春風，郭雪湖先生的南街殷賑，更是蔣渭水先生當年推動台灣新文化運動的搖籃。

當時一心嚮往能來這裡以工作室的方式駐點，呼吸這裡的養分，才不愧身為台灣的知識分子。沒想到，這個願望才發出去，藉由善心人士——施治平先生的引介，就讓我十月份在這裡租下一家服飾出租店，就連店名都是現成的——「貳零年華 salon 1920s」。

雖然一九二〇年代中西方服飾都是我的營業範圍，但奇特的是，幾乎所有客人來都問有沒有旗袍出租，當客戶需求都指向旗袍，我就不得不專注在旗袍穿搭相關知識與實務研究，還好遇到馬于文老師，她給許多答案，縮短我的摸索期。

當一次次客戶穿上旗袍走在大稻埕街區拍照，創造許多經典美景，我不得不佩服先人的智慧，這樣一款簡單的服飾卻能傳承中華文化美感，創造許街區的驚喜。

於是我發想，若能請馬老師將長期經營台北旗袍社團所累積的經驗，寫成一本旗袍工具書，再配合許多旗袍達人的穿著經驗，整理出近代華人女性共同的穿衣記憶，該有多好。

這個社會長期以來都以「他」的角度來寫歷史（his-tory），家族事業多半由男性繼承，女人的記憶只能透過服飾傳承，代代放在心裡成為印記。希望這本書能帶動家族不同世代女性的對話，這當中必有呵護、期許、傳承之心意。只需好好與衣服合體，就能保存這份傳承的初心。

就算在未來，女人的血脈仍會透過婚姻流入不同姓氏的家族中，但守住這份穿著同款服飾的初心，我們便時時刻刻在一起，不斷創造我們的歷史（her-story）。

從「我不穿旗袍」，到「我很愛穿旗袍」——華人女性的必修優雅學

馬于文

二〇一四年的五月，我在輔大即將畢業的學生們，決定在大稻埕的畢業專題展覽開幕式中，全部一致穿上旗袍，那一刻畫面美不勝收，連大稻埕在地人都忍不住連聲讚美。

這畫面激起了我的回憶，讓我想起小時候看媽媽穿旗袍的美麗儀態與身影，偷偷從媽媽衣櫃中拿出旗袍來把玩試穿，是我對旗袍的第一印象。

長大後，出國念書，日本同學在PARTY的時候穿著浴衣來，全班同學給予最高的注目禮與讚美，我心裡想：「我也有旗袍啊！」當下真的很後悔沒有帶旗袍一起出國，宣揚國威，表現自己的文化特色。回國後，無意間逛到麗水街的古董二手旗袍店，不但找到了自己的心儀的手工旗袍，更和老闆做了好朋友，成為常客。

所有對旗袍的回憶一下湧上了心頭。

「好像真的很久沒看過年輕人穿旗袍了啊？」我當時心裡這麼想，但看

著我的學生，一樣是大學準備畢業，二十出頭的年輕人，穿起來一點都不老氣，而且美得不得了，我堅信它是一個會讓女人變美的服飾。

我心想：「那何不就來個旗袍社團，讓有興趣人一起加入，分享旗袍之美？」

於是我在臉書創建了「台北旗袍同好會」這一個社團，剛開始也不曉得它可以變成什麼樣子，只覺得好玩，想跟喜歡旗袍的朋友一起分享旗袍相關的資訊，想想那幾年的尾牙也蠻流行「夜上海」風格的主題，於是就把所有臉書上自己的女性朋友全部抓進來社團，「管她喜不喜歡旗袍，先加再說！」我當時心想。

後來，慢慢地社團裡開始有我不認識的人加入，雖然不知道是哪裡來的，但也看得出來有許多是旗袍高手。就這樣累積了一陣子，第一次辦了個網友小聚會，想和大家交流交流，沒想到被我臉書上的聯合報記者朋友看到了，說想要採訪我。

沒想到這一採訪，後來三立電視台、TVBS 新聞、華視新聞雜誌、中視新聞六十分鐘、法新社……一個個媒體陸陸續續都來了！我原本幾百個人默默無名的小社團，也瞬間變成了幾千會員，小有影響力的社團，這從頭到尾都是「無心插柳，柳成蔭」的過程，而這個奇蹟似乎還在繼續發酵當中。

於是我開始研究旗袍，深入瞭解現代年輕人不穿旗袍的原因，原因歸類為幾大類不外乎：一、覺得旗袍看起來很老氣；二、身材不好不能穿；三、做事不方便，不能穿。當然聽過最令我意外的答案是：這是中國人的東西，不穿。

我可以理解旗袍當初從一般民間婦女的日常穿著，漸漸消失的原因，大環境改變了——年輕人沒看過好的旗袍示範也沒機會體驗、意識型態的轉變、成衣時尚流行和媒體傳播的變遷、買或做旗袍的管道變少了……等等，都促使這一個產業迅速隕落。

我慢慢的瞭解到，從一九四九年國民黨遷台後的第一代的旗袍師傅所傳的弟子，如今也都平均超過七十歲了，各個都要面臨退休，是旗袍記憶即將失傳的窘境。發覺旗袍的美麗與哀愁，真的很不忍這麼美的工藝與文化即將消逝。

於是，從玩票性質的我，也非服裝設計科班出身，到自己開始覺得對旗袍有種使命感，認為傳承旗袍文化是一件刻不容緩的重要工作，更想要專注在推廣旗袍工藝與文化之上，並且繼續延續旗袍美麗的印記。

從一個門外漢，到研究者，我想先讓大家找回對旗袍的美好記憶，我相信旗袍是華人女性的必修優雅學，希望讓從「我不穿旗袍」，到「我很愛穿旗袍」的人，能夠有機會認識並穿上旗袍，進一步喜歡上，到擁有旗袍，甚至最後愛上且願意大方地和別人分享旗袍的美好。

而我，只想在這段旅程上，陪伴每位願意勇敢穿上旗袍，展現自信美的女人，從裡美到外，從外美回來。而這本書，希望是一本小小的起點，喚醒你心中那些沉睡的華人女性優雅記憶。

陳昱伶

「貌美無病障，譽雅命久長」——身著旗袍的自我期許

二〇一八年的年初七午後，滂沱大雨，為了週末與朋友合辦的旗袍派對，我穿梭在迪化街城隍廟的周邊，找一家名叫「貳零年華」的旗袍出租店。那場雨巧妙地為我開啟了一段友誼，認識了店主靜端姐，回憶起自身曾經與旗袍有過的對話，也對一九二〇年代時尚的嚮往與自己雙十年華時的經歷有了一番回顧，這是本書誕生、開始付諸行動的最初。

碩士主修時尚新聞報導的我，熱愛文字與時尚，卻從沒想過自己會在大雨午後與一個從未謀面的陌生人聊得這麼投緣，沒有預期地參與這本旗袍書的寫作，感謝命運巧妙地安排，感謝靜端姐的邀請，讓我有機會投身這個有傳承意義的文字書寫，才有幸與優秀、專業的奇異果文創團隊、輔大馬于文老師交流、共識。

採訪過程中，與每一個「她」的邂逅，都是另一段緣份的開始，看似我為她們的生命說故事，其實是她們有血有肉的美麗靈魂豐富了我的生命。

我與旗袍的緣分最早發生在多年前於英國攻讀時尚新聞學碩士的期間。當時在一群金髮碧眼的同學裡，身為班上唯一的亞洲人，我意識到想要與眾不同，就必須找到自己的優勢以及了解自身所屬文化的底蘊，並且將它發揚光大！

我開始在時尚雜誌編輯的課程裡，談談王家衛電影裡的光影與運鏡，以電影《花樣年華》裡的旗袍為靈感呈現自己的報告，我想讓許多沒有離開過英國的同學們知道，當他們在討論二〇年代的飛波時尚（Flapper Fashion），三〇年代的大蕭條，五〇年代迪奧的 A-Line，同時期的遠東有一種很美的服裝叫旗袍。

過程裡，我開始與自己對話，重新認識自己還有屬於自己的文化，當然也贏得同學們的尊重與讚賞。接觸異文化的洗禮，體驗風土人情是留學必然的收穫，然而透過西方的時尚教育體系，開始認識旗袍，對自己的根產生好奇，爾後產生了更大的自信與使命感才是我意想不到的獲得。

二〇一二年，為了遠赴德國參加留學時期好朋友的婚禮，我擁有了人生第一件旗袍。那是一件勃根地紅色、用亮片串珠繡上花朵與樹葉圖樣的絨布成衣旗袍。

一開始穿上它的時候還有些彆扭，然而在滿是金髮碧眼德國人的場合裡，我漸漸感到自己的與眾不同、華麗大氣。當很多德國賓客紛紛前來向我打招呼，甚至要求合照、共舞的時候，我深刻體會唯有了解自己是誰、徹底接受、愛自己，深刻愛自己的文化才能獲得別人的尊敬，那一刻我是打從心底開心也為自己擁有的感到驕傲，也決定無畏地綻放屬於自己獨一無二的美麗！

穿旗袍可以說是我重新認識、探索自己的開端，「貌美無病障，譽雅命久長」則是穿著旗袍時心裡油然而生的自我期許。我期許自己透過營養均衡的飲食、良好的生活作息以及適度彩妝的修飾達到自己的最佳狀態，維持容姿端麗。

同時，透過不斷地學習進行內在提升，了解自己的本質，誠實面對內心的渴望。當懷著好意與善念，不盲從追隨社會主流價值觀，相信自己值得過得更好的時候，心自由了、身體健康了，美麗將是由內而外、不假外求。

在持續內外兼修的過程裡，產生更大的能量，當一個以自己為圓心，讓周圍的人幸福的人！願與所有參與本書製作的同仁與諸位讀者們共勉。

國家圖書館出版品預行編目 (CIP) 資料

打開民國小姐的衣櫃：旗袍、女人、優雅學 / 企劃 林靜端、撰文 馬于文 陳昱伶 . -- 初版 . -- 臺北市：奇異果文創 , 2019.08
160 面 ; 14.8×21 公分 . -- (好生活 ; 15)
ISBN 978-986-97591-5-1(平裝)

423.33　　108007092

好生活 015

打開民國小姐的衣櫃：旗袍、女人、優雅學

作　　者　企劃 / 林靜端
　　　　　撰文 / 馬于文、陳昱伶

執行編輯　周愛華
插　　畫　劉穎潔
美術設計　Akira Chou

發行人兼總編輯　廖之韻
創意總監　劉定綱
法律顧問　林傳哲律師 / 昱昌律師事務所

出　　版　奇異果文創事業有限公司
地　　址　臺北市大安區羅斯福路三段 193 號 7 樓
電　　話　(02) 23684068
傳　　真　(02) 23685303
網　　址　https://www.facebook.com/kiwifruitstudio
電子信箱　yun2305@ms61.hinet.net

總 經 銷　紅螞蟻圖書有限公司
地　　址　臺北市內湖區舊宗路二段 121 巷 19 號
電　　話　(02) 27953656
傳　　真　(02) 27954100
網　　址　http://www.e-redant.com

印　　刷　永光彩色印刷股份有限公司
地　　址　新北市中和區建三路 9 號
電　　話　(02) 22237072

初　　版　2019 年 8 月 4 日
I S B N　978-986-97591-5-1
定　　價　新台幣 350 元

版權所有 · 翻印必究
Printed in Taiwan